Cristina Millet García

Cultivos orgánicos vs. convencionales

Cristina Millet García

Cultivos orgánicos vs. convencionales

Editorial Académica Española

Imprint
Any brand names and product names mentioned in this book are subject to trademark, brand or patent protection and are trademarks or registered trademarks of their respective holders. The use of brand names, product names, common names, trade names, product descriptions etc. even without a particular marking in this work is in no way to be construed to mean that such names may be regarded as unrestricted in respect of trademark and brand protection legislation and could thus be used by anyone.

Cover image: www.ingimage.com

Publisher:
Editorial Académica Española
is a trademark of
International Book Market Service Ltd., member of OmniScriptum Publishing Group
17 Meldrum Street, Beau Bassin 71504, Mauritius

Printed at: see last page
ISBN: 978-3-659-65519-7

Zugl. / Aprobado por: México, Universidadad CESSA, tesis, 2014

Identificación de beneficios específicos y demostrados de los productos agrícolas orgánicos en la alimentación

ÍNDICE

RESUMEN
El planteamiento de la Agricultura Orgánica (AO) consiste en observar las leyes que regulan la estructura y el fundamento de la naturaleza para no ir en contra de ella. También considera que la naturaleza es compleja y por lo tanto se deben tomar en cuenta las combinaciones correctas de cultivos, y prácticas de manejo de suelo que permitan mantener la estabilidad del sistema de producción.
A través de esta investigación se ha confirmado, con base en la literatura científica, qué atributos tienen los alimentos orgánicos, cuáles están confirmados científicamente y qué certeza tiene el consumidor respecto a la calidad "orgánica" de lo que encuentra en el mercado mexicano. El propósito final de la investigación ha sido informar adecuadamente al consumidor, para que él decida si realmente vale la pena invertir en esos productos y si es necesario incluirlos en su dieta para evitar riesgos relevantes y/o mejorar su nutrición. Se concluyó el trabajo con una propuesta hidropónica orgánica para la producción de vegetales para hogar y restaurantes

ABSTRACT
The main approach of Organic Agriculture (AO by its' initials in spanish) is compliance with nature's structure regulating laws in order to avoid damaging it. Organic agriculture also considers nature's complexity and therefore applies proper combinations o crops and good agricultural practices to maintain the stability of productive systems.
The aim of this research was to check which claims of Organic Agriculture have been experimentally demonstrated and to stablish the confidence that the consumer may have in the "organic" quality of food available in the mexican market. All this to provide consumers with scientifically based information, so they can decide if organic products are worth their higler prices and if it is necessary to count them in daily diet in order to reduce health riscks and/or to improve nutrition.
Finally a proporsal for hydroponic organic production of vegetables, for home and restaurant is presented.

INTRODUCCIÓN

Se considera que los "productos orgánicos" son más saludables que los obtenidos bajo los sistemas agrícolas actuales (que llamaremos "agricultura convencional" por ser la que predomina), ya que están libres de residuos tóxicos procedentes de plaguicidas, insecticidas, antibióticos así como de fertilizantes aditivos y conservantes; estos productos se utilizan en la agricultura convencional para eliminar insectos o plagas y combatir enfermedades, para añadirles color y brillo o para estabilizar diversos alimentos, pero a mediano o largo plazo producen efectos muy negativos en nuestro organismo. Se considera que, al no contener substancias artificiales, los alimentos procedentes de la agricultura orgánica son asimilados correctamente por el organismo sin alterar las funciones metabólicas. Aunque también hay autores que tienen serias reservas al respecto (Faidon y cols, 2006). Por ejemplo, C. Williams (2002) declaraba, hace mas de 10 años, que muchos de los reportes sobre resultados benéficos del consumo habitual de productos orgánicos (o convencionales) son confusos por el gran número de factores concurrentes que pueden influir en las diferencias que se han reportado; ella es uno de los muchos investigadores y especialistas que han indicado que se requiere más evidencia científica para fundamentar los atributos de los productos orgánicos (PO).

Por otro lado, los especialistas en nutrición indican que gran parte de las enfermedades degenerativas (y a veces los remedios para ellas) tienen su origen en la alimentación (Productos Ecológicos, 2007; Campbell & Junshi, 1994; Ames, 1993 y 1983). Se han llevado a cabo múltiples investigaciones sobre ello y actualmente hay autores que reportan mayor calidad nutricia en los productos orgánicos, que en los convencionales (Sánchez, 1998; Caris-Veyrat, 2004; Vallverdú, 2012).

La AO se basa en el cultivo que aprovecha los recursos naturales para combatir plagas, mantener o aumentar la fertilidad del suelo, prevenir enfermedades en el ganado, sin recurrir a productos químicos de síntesis como fertilizantes, plaguicidas o antibióticos, entre otros; y en la no utilización de organismos que hayan sido modificados genéticamente, incluyendo transgénicos. De esta forma se dice que se consiguen alimentos más naturales, sanos y nutritivos, sobre todo, se ayuda a la sostenibilidad del ambiente causando el mínimo impacto ambiental (Ecoagricultor, 2013).La producción masiva de alimentos, la sobreexigencia del mercado de conseguir cultivos muy rendidores y perfectos, y el cambio cultural que se produjo con el ingreso de grupos de producción como comida "express", "chata-

OBJETIVOS

Establecer, con base en la literatura científica, qué atributos tienen los alimentos orgánicos.

Establecer la confiabilidad de los productos comercializados como orgánicos.

Analizar la información fundamentada, para valorar los atributos de los alimentos orgánicos que están confirmados y su relación valor-precio.

Identificar posibilidades de manejo de productos orgánicos en pequeña escala, para consumo en el hogar y restaurantes.

HIPÓTESIS

Si se conocen los beneficios específicos de los productos orgánicos entonces se puede informar adecuadamente al consumidor, para que determine si vale la pena invertir en esos productos y si es necesario sustituir alimentos convencionales, por productos orgánicos, debido a riesgos relevantes.

MARCO TEÓRICO

1.-ANTECEDENTES HISTÓRICOS

La AO no es nueva, se ha practicado desde siempre sólo que no le habíamos asignado un adjetivo específico y la definíamos como agricultura tradicional o de traspatio.
En la antigua Grecia se estima que la agricultura más sencilla y totalmente orgánica, se inició hacia el 9500 a.C, en Chipre donde se han encontrado diversas evidencias de una población estable, que inició el cultivo de cereales silvestres para alimentar a los pequeños cerdos salvajes del área, los cuales inicialmente cazaban para obtener carne (Vigne, 2012).
"Los chinos practicaron la agricultura orgánica 6000 años a.C. y podían alimentar a 50 personas con una hectárea. En el mismo periodo en Perú, se hacia este tipo de agricultura en camas de 20 metros de ancho y 150 metros de largo; en Europa durante la Edad Media se usó este tipo de sistemas por largo tiempo, y en el último siglo, en la Unión Soviética, se han implementado prácticas para recuperar los suelos degradados" (Cruz,1994).
"Hace 2000 años, los mayas, practicaron la agricultura biointensiva; en el mismo periodo los griegos también tenían métodos biointensivos e implementaron el método Criket (sobre el cual no he logrado encontrar referencias fuera de ésta), con el cual lograban una mayor producción" (Cruz, 1994).
La agricultura chinampera de los antiguos xochimilcas es una agricultura de alta producción que hasta nuestros días sigue vigente. En las sierras, los campesinos. a falta de dinero para adquirir pesticidas y fertilizante químicos, recurren a las técnicas de sus ancestros y, sin saberlo, están haciendo agricultura orgánica, que en nuestros días está adquiriendo importancia por los beneficios que aporta tanto al ambiente como a la nutrición.
La AO aparece como una alternativa para la agricultura convencional o moderna ya que opta por otro sistema de producción desde el punto de vista del productor y por un producto diferente a nivel del consumidor. (Domínguez y Prieto, 2000).
La agricultura convencional propone alimentar a las plantas mediante el suministro de fertilizantes y compuestos hormonales sintéticos, los cuales aplicados al suelo o follaje son absorbidos para nutrir a los vegetales; de igual manera plantea el control de los insectos y nematodos, de plagas, enfermedades, malezas y otros competidores, mediante el uso de agrotóxicos (insecticidas, fungicidas, herbicidas, raticidas, rodenticidas). Todo este "apoyo"

al crecimiento de las plantas permite obtener cosechas más rápidas y/o mayor rendimiento y/o menores pérdidas, pero genera contaminación ambiental importante y se duda de las propiedades nutricias de los alimentos así producidos (Delgado, 2006).
La agricultura orgánica por su parte propone alimentar a los microorganismos del suelo para que éstos a su vez, de manera indirecta, alimenten a las plantas.
Esta alimentación se hará mediante la adición al suelo de desechos vegetales reciclados, abonos verdes con énfasis en las leguminosas inoculadas con bacterias fijadoras de nitrógeno, estiércol de animales, desechos orgánicos urbanos compostados, conjuntamente con polvo de rocas minerales, vermicomposta, entre otros (Delgado, 2006).
Por otra parte la agricultura orgánica propone, tanto para el sostenimiento de la vida del suelo, como para el manejo de plagas y enfermedades, la conservación del principio de biodiversidad, a través de la implementación de agro ecosistemas altamente diversificados, el uso de plantas acompañantes y/o repelentes, la asociación y rotación de cultivos, el uso de insectos benéficos (depredadores y parasitoides), nematodos, entomopatógenos (hongos, virus, bacterias, rickettsias), hongos antagonistas, insecticidas, y fungicidas de origen botánico. Este sistema, permite la utilización de algunos elementos químicos puros como: azufre, cobre, cal y oligoelementos, de manera que ellos contribuyan a conservar el equilibrio ecológico, manteniendo la actividad biológica del suelo, fortaleciendo el tejido de las plantas para que soporten los ataques de los insectos y plagas y/o para que se mantengan en niveles que no hagan daño a los cultivos. Con referencia al control de malezas el planteamiento de la agricultura orgánica, se remite a una preparación adecuada de los suelos, a siembras oportunas y a la práctica de labores de cultivo (Delgado, 2006).

2.-LA AGRICULTURA ORGÁNICA (AO)

En 1991 la FAO define la agricultura orgánica como "un sistema de producción el cual evita el uso de agroquímicos (fertilizantes, plaguicidas, reguladores de crecimiento, aditivos o colorantes en la producción de alimentos) y se apoya fuertemente en la rotación de cultivos y en la utilización de residuos de cosechas, estiércol de animales, abonos verdes, desechos orgánicos, lo cual contribuye a la no degradación del ambiente" (FAO, 1991).
Según la Comisión del Codex Alimentarius, la agricultura orgánica "es un sistema global de gestión de la producción que fomenta y realza la salud de los agro-ecosistemas, inclusive la diversidad biológica del suelo". Hace hincapié en la utilización de prácticas de gestión, con preferencia por la utilización de insumos agrícolas tradicionales y simples, evitando los sintéticos. "Esto se consigue aplicando siempre que es posible, métodos agronómicos, biológicos y mecánicos, en contraposición a la utilización de materiales de producción química, para desempeñar cualquier función específica dentro del sistema" (Caamal, citado por Sánchez, 1998).
En México, la Asociación Mexicana de Agricultores Ecológicos, define a la AO como "el arte y ciencia empleados para obtener productos agropecuarios sanos, de alto valor nutritivo, mediante técnicas que mantienen la fertilidad del suelo, dentro de los ciclos naturales del lugar, no usando agroquímicos, mediante un programa establecido y la certificación de los métodos utilizados". (Caamal, citado por Sánchez, 1998).

En general, podemos decir que los que practican la AO, imprimen su sello, una filosofía muy diferente a la agricultura convencional, hay amor y respeto hacia la tierra; los primeros la cultivan, los segundos la explotan. (Ruíz, 1995).
Como podemos ver, la agricultura orgánica se desarrolló con base en diversas ideologías, formas de pensar y motivaciones de política agraria. Sin embargo conviene resaltar que las posibles consecuencias de la agricultura convencional, que se vuelve cada vez más intensiva, son muy preocupantes en términos de afectación a la salud del consumidor y de daño a los ecosistemas.

2.1 OBJETIVOS DE LA A.O:

Es importante señalar que, obviamente en las diferentes regiones del mundo, existen objetivos muy particulares que se aplican en la agricultura orgánica, pero los objetivos generales (IFOAM, 2005 y 2007) que se manejan en todo el mundo son los siguientes:

- Producir alimentos de elevada calidad nutritiva, en cantidad suficiente.
- Interactuar constructivamente con los sistemas y ciclos naturales.
- Fomentar e intensificar los ciclos biológicos dentro del sistema agrícola, que comprenden los microorganismos, la flora y fauna del suelo, las plantas y los animales.
- Mantener e incrementar la fertilidad de los suelos a largo plazo.
- Mantener la diversidad genética del sistema productivo y su entorno, incluyendo la protección de los hábitats de plantas y animales silvestres.
- Conservar los bosques, recursos acuáticos y suelos, a largo plazo, como forma de garantizar la vida.
- Promover el cuidado apropiado del agua, los recursos acuáticos y la vida que sostienen.
- Aprovechar racionalmente los recursos locales, reduciendo al máximo la dependencia externa.
- Emplear en la medida de lo posible, recursos renovables en sistemas agrícolas organizados localmente.
- Utilizar formas de producción armónicas con la naturaleza que ayuden a preservar la biodiversidad.
- Garantizar la independencia de gestión en la unidad productiva, tanto a nivel alimenticio como a nivel económico.
- Trabajar en la medida de lo posible, dentro de un sistema cerrado con respecto a la materia orgánica y los nutrientes minerales.

Como podemos observar, los objetivos de la AO no se limitan al mantenimiento y conservación de los ecosistemas y agro- ecosistemas, sino que tiene objetivos muy importantes relacionados con las necesidades básicas de todos los seres humanos y los derechos de éstos a una buena calidad de vida.

Para lograr los objetivos mencionados, entre otros, el Movimiento Agrícola Orgánico ha adoptado técnicas que respetan las relaciones ecológicas básicas entre plantas, animales y el medio físico. Además de considerar que el conjunto de dichas técnicas, y no solo una, nos lleven a los objetivos antes planteados (Gómez, 2007).

Las técnicas más comúnmente utilizadas por la AO son:

- Compostaje
- Asociación de cultivos
- Rotación de cultivos
- Abonos verdes
- Control biológico
- Cultivos trampa
- Control físico y mecánico de insectos
- Lombricultura
- Preparados de origen orgánico
- Prácticas de conservación de suelo (Gómez, 2007).

3.-LA AGRICULTURA SUSTENTABLE

La agricultura sustentable generalmente se refiere a un modo de producción agrícola que intenta proveer rendimientos sostenidos durante largo tiempo mediante el uso de tecnologías ecológicamente probadas.

Ésto requiere que la agricultura sea considerada como un ecosistema (de ahí el término "Agro-ecosistema") y como tal, la agricultura no solo se orienta para obtener altos rendimientos de algún producto, sino más bien para optimizar el sistema entero. También requiere mirar más allá del aspecto económico de la producción y considerar los conceptos vitales de estabilidad y sustentabilidad ecológica.

La búsqueda de sistemas agrícolas autosustentables, de bajos insumos, diversificados y eficientes en el uso de energía es ahora una preocupación importante de muchos investigadores, agricultores y planificadores en el mundo entero. Una estrategia clave en la agricultura sustentable es restaurar la diversidad agrícola del paisaje rural. La diversidad puede ser mejorada en el tiempo mediante rotaciones y secuencias de cultivos, y en el espacio en forma de cultivos de cubierta, policultivos, sistemas agroforestales y mezclas de cultivos entre otros.

La diversificación vegetal no solo resulta en la regulación de las plagas a través de la restauración del control natural, sino además produce un reciclaje óptimo, la conservación del suelo y energía, así como una menor dependencia de insumos externos (Altieri, 1993).

La idea de una agricultura sustentable está centrada en el uso de tecnologías y servicios adecuados a las condiciones del ambiente y la prevención de los impactos negativos, sean ellos sociales, económicos o ambientales. Así, las dos principales características de la agricultura sustentable son la ética en la producción de alimentos y la conservación de recursos naturales. La agricultura sustentable sólo será viable con la obtención de elevados niveles de productividad, tornándose necesario desarrollar e incorporar más tecnología.

Los impactos de la agricultura sobre el ambiente pueden ser resumidos en:

- Degradación de los suelos (erosión, reducción en la fertilidad, compactación, salificación).
- Reducción de los cursos de agua
- Pérdida de biodiversidad.

Estos impactos terminan por afectar la sustentabilidad y el rendimiento potencial de los productos (U. de Chile, 2009). Tales problemas necesitan ser solucionados sin comprometer los niveles de productividad de la agricultura en base sustentable.

Cuando hablamos de agricultura sustentable, uno de los parámetros fundamentales es el crecimiento sostenido de la economía familiar campesina, y para ello se visualizan dos aspectos fundamentales:

1. El fortalecimiento del sector de subsistencia; esto quiere decir que cada familia debe desarrollar una permanente diversidad de producción para el autoconsumo.
2. El mantenimiento del mercado, o sea alcanzar una producción rentable, crear estructuras gestionales propias, entre otras (U. de Chile, 2009).

   Estas corrientes tienen una meta en común: lograr un método de producción agrícola que pueda producir alimentos sanos, cuidando al máximo posible los ecosistemas naturales.

3.1 LA AGRICULTURA ALTERNATIVA

Ésta surge en el marco de la agricultura sostenible y como una nueva opción ante los embates de la "revolución verde" que fue y –en algunos casos– sigue presentándose como un paquete productivista, impulsado después de la posguerra, como forma de desarrollo económico social (Mejía, 1993). La nueva opción denominada Agricultura Alternativa es considerada como el enfoque de la agricultura que promueve rendimientos sostenidos a través del uso de tecnologías de manejo ecológico (Altieri, 1991); Es decir, se realiza un manejo óptimo con reciclamiento de nutrientes y materia orgánica, cerrando los flujos de energía, además de balancear las poblaciones, incluidas las de plagas. En resumen, promoviendo el uso múltiple de la unidad de suelo (Altieri, 1991).

Entre algunos de los puntos de vista retomados por la agricultura alternativa están las interrelaciones de todas las partes del sistema incluyendo al agricultor y su familia, la importancia de los balances biológicos en el sistema, la necesidad de maximizar las relaciones biológicas y minimizar el uso y prácticas que rompen dichas relaciones (Harwood, 1990).

Actualmente se considera a la agricultura alternativa como el conjunto de actividades productivas, surgidas de la globalización y sus efectos. Se caracteriza porque incorpora variadas tendencias y tecnologías, que en conjunto se incorporan a cadenas productivas, sistemas agroalimentarios globales, comercio justo, bio-industria, nichos de mercado y otras opciones que permiten enfrentar de maneras distintas, adecuadas para los casos específicos, los problemas del medio rural y de los sistemas de producción (Cecader, 2008).

Un sistema de producción alternativo para la obtención de alimentos incluye componentes y prácticas como los siguientes (Martínez Farías, 2004):

- Rotaciones de cultivos que disminuyen los problemas de malezas, insectos y enfermedades; aumentan los niveles de nitrógeno disponible en el suelo; reducen la necesidad de fertilizantes sintéticos y, junto con prácticas de labranza conservadoras de suelo, reducen la erosión edáfica.
- Manejo integrado de plagas (MIP), que reduce la necesidad de plaguicidas mediante la rotación de cultivos, muestreos periódicos, registros meteorológicos, uso de variedades resistentes, sincronización de las plantaciones o siembras y control biológico de plagas.
- Sistemas de manejo para mejorar la salud vegetal y la capacidad de los cultivos para resistir plagas y enfermedades.
- Técnicas conservacionistas de labranza de suelo.
- Sistemas de producción animal que enfatizan el manejo preventivo de las enfermedades, reducen el uso de confinamiento de grandes masas ganaderas, bajan los costos debido a enfermedades y disminuyen la necesidad del uso de niveles subterapéuticos de antibióticos.
- Mejoramiento genético de cultivos para que resistan plagas y enfermedades y para que logren un mejor uso de los nutrientes.

3.2 LA AGRICULTURA ORGANICA

Para implementar con éxito la AO, deben hacerse prácticas culturales que no perturben la actividad microbiana del suelo, dando a la tierra una estructura física aceptable y respetando los estratos naturales del terreno. Se debe evitar el exceso del tráfico agrícola, para no ocasionar la compactación del suelo. No se debe trabajar el suelo cuando exista demasiada humedad (Ruíz Figueroa, 1993). Por lo que el proceso productivo de la Agricultura Orgánica queda conformado de la siguiente manera:

A. Preparación de terreno (labranza mínima) (Berlinj, 1983)
   - Limpiar el terreno de malezas, lo cual debe hacerse manualmente.
   - Incorporar abono orgánico.
   - Arado para aflojar la tierra

B. Siembra

   Se debe sembrar dentro de la fecha recomendada tanto en riego como en temporal para que el cultivo no encuentre condiciones adversas tales como altas y bajas de temperatura, sequía o incidencia de plagas o enfermedades que afecten el desarrollo del cultivo (ECAMEX, 1996).

   Todos los cultivos deberán sembrarse dentro de sus parámetros naturales, tales como: suelo, altitud, clima, requerimientos de luz o sombra, sin forzar los ciclos naturales de la planta.

Debe de darse prioridad a las variedades nativas de la región; siempre que sea posible, las semillas y plantas para cultivo, deben provenir de granjas orgánicas certificadas. (ECAMEX, 1996)

4 EL ABONO VERDE

Es una práctica muy antigua para el mejoramiento de los suelos. Consiste en la incorporación al suelo de cualquier material vegetal no descompuesto, con el fin de mantener o mejorar su fertilidad. Se prefieren siempre las leguminosas.

La incorporación debe hacerse cuando la planta haya alcanzado abundante desarrollo vegetativo sin que los tallos hayan perdido su suculencia. Esta incorporación debe hacerse con suficiente anticipación, respecto a la siembra del cultivo siguiente, de modo que se logre la descomposición el abono enterrado (Delgado Vargas, 1989).

Entre los beneficios del abono verde están los siguientes:

- Proporciona nitrógeno, que siempre es el elemento limitante, al siguiente cultivo.
- Es fuente directa de otros nutrimentos como P, S, B y Mg (fósforo, azufre, boro y magnesio).
- En suelos alcalinos, la descomposición de la materia orgánica libera CO o monóxido de carbono, que ayuda a solubilizar varios nutrimentos como Fe, Mn y Zn, (Hierro, Manganeso y Zinc) que tienden a ser escasos en suelos alcalinos (Delgado Vargas, 1989).
- Las leguminosas de raíces profundas utilizadas como abono verde pueden transportar a la superficie los nutrimentos provenientes de las capas profundas, con lo cual quedan al alcance de las raíces de cultivos posteriores, que no tendrían acceso a dichos nutrientes profundos, sobre todo en estratos de baja permeabilidad (Delgado Vargas, 1989).
- Durante su descomposición se estimula la formación de agregados de alta estabilidad en el suelo, efecto estrechamente relacionado con la velocidad de descomposición de estos materiales, y que genera una mejor textura.
- Las raíces, al profundizar en el suelo ayudan a su intemperización, es decir al proceso que permite separar partículas y materiales disueltos, a paritr de la roca sólida, los que posteriormente pueden atravesar los estratos de baja permeabilidad y quedar disponibles para los siguientes cultivos.
- Protegen a los suelos de la erosión y su eficiencia depende de la época del año en que el cultivo se desarrolle, de la densidad de cubierta vegetal y del crecimiento radicular (Cruz, 1986).

5.-ROTACION DE CULTIVOS

La rotación de cultivos es un sistema en el cual son desarrollados diferentes cultivos sobre el mismo suelo, dentro de una secuencia definida, en una asociación recurrente. La secuencia de cultivos dentro de una rotación es crítica, debido a que el rendimiento de algunos cultivos depende del cultivo precedente.

El mayor beneficio de la rotación de cultivos es el aumento de rendimiento de las cosechas; la rotación también puede suprimir insectos, malezas y enfermedades debido a la ruptura efectiva de los ciclos de vida de las plagas al eliminar un cultivo. La "ruptura" de los ciclos en los cultivos, además de proveer un control efectivo de plagas y enfermedades, incrementa su efectividad con la duración y frecuencia de las rupturas.En muchos casos, un año de ruptura es suficiente para promover el control, pero esto depende de las condiciones ambientales y, de manera particular, de la especie del patógeno (Altieri, 1991).

6.ASOCIACION DE CULTIVOS

Las plantas adecuadamente asociadas se benefician unas a las otras utilizando mejor las potencialidades del suelo y de la energía solar (Ruiz Figueroa, 1993).
Por lo tanto presentan múltiples ventajas como:

- Mejor uso del suelo.
- Mayor eficiencia en el aprovechamiento de la luz solar, agua y nutrientes.
- Mayor estabilidad del sistema.
- Mejor control de plagas.
- Menor incidencia de malezas.
- Conservación del suelo.
- Mejora las características físicas del suelo.
- Mayor producción total de alimento.

Las asociaciones pueden ser no competitivas, competitivas y complementarias (García, 1997). Es muy importante que no existan efectos negativos, para lo cual deben tomarse en cuenta los siguientes factores:

- Conocer los efectos entre un cultivo y otro al momento de la asociación, es decir del fenómeno biológico por el cual un organismo produce uno o más compuestos (aleloquímicos) que influyen en el crecimiento, supervivencia o reproducción de otros organismos; pueden conllevar a efectos benéficos (alelopatía positiva) o efectos perjudiciales (alelopatía negativa) a los organismos receptores; es decir que pueden ser compatibles o no.
- En el caso de cultivos con ritmos vegetativos o exigencias térmicas diferentes, la siembra debe hacerse en dos tiempos.
- Evitar la ruptura del equilibrio nutricional en la composición de la asociación.
- Conocer los hábitos de crecimiento de los cultivos.

En México las asociaciones más practicadas son: maíz-frijol, maíz-frijol–calabaza, maíz-frijol-calabaza-haba; además de otras muchas, que son características de una región en particular como en Morelos, con caña-frijol; en Yucatán, maíz- yuca, entre otras (Rojas, 1988).

7.-PROCESO PRODUCTIVO DE LA AO EN MÉXICO

A finales de la década de los ochenta, los países desarrollados comenzaron a demandar productos tropicales y de invierno, producidos en forma orgánica, en particular aquellos que no se pueden cultivar en sus territorios; esto estimuló la práctica de la AO en México. A través de algunas comercializadoras,se fomentó en México la apropiación de esta nueva forma de producir, para poder complementar y diversificar una demanda ya creada en el exterior (Gómez, 2000).

En un inicio, agentes de países desarrollados se conectaron con diferentes actores en México, solicitándoles la producción de productos orgánicos específicos y así comenzó su cultivo, principalmente en áreas donde no se acostumbrar utilizar insumos de síntesis química. Este fue el caso de las regiones indígenas y áreas de agricultura tradicional en los estados de Chiapas y Oaxaca. Posteriormente, compañías comercializadoras de los Estados Unidos influyeron en el desarrollo de AO en la zona norte del país, ofreciendo a empresas y productores privados financiamiento y comercialización, a cambio de productos orgánicos. Esto permitió a las compañías abastecer mucho mejor la demanda de los productos solicitados en los tiempos y temporadas específicas requeridas, a la vez que obtuvieron mejores precios por ellos (Gómez, 2000). El consumo de productos orgánicos se concentra principalmente en 10 países: Alemania, Francia, Reino Unido, Países Bajos, Suiza, Suecia, Dinamarca, Austria y Estados Unidos.

Entre 1998 y 2008, la AO en México creció al pasar de 30 mil a 300 mil hectáreas dedicadas a estos procesos; en tanto que la agricultura orgánica en el mundo superaba los 33 millones de hectáreas y el mercado internacional de este tipo de alimentos era superior a los 40 mil millones de dólares (Alonso, 2008).

Los productos orgánicos que México abastece en el mercado mundial se pueden clasificar en tres grupos:

- productos tropicales que no se cultivan en los países desarrollados (café, cacao, mango, plátano, vainilla, etcétera);
- hortalizas de invierno cuando por cuestiones climáticas los países de clima templado tienen un faltante temporal, y
- productos que requieren mucha mano de obra (como el ajonjolí).

El 90 % de esta producción se dedica al comercio exterior; los principales productos orgánicos que México produce son: café, miel de abeja, cacao, aguacate, mango, piña, plátano, naranja, ajonjolí, nopal, vainilla, leche y sus derivados, huevo, plantas medicinales, maíz, jugos, galletas y mermeladas.

En fin, la producción orgánica de México complementa la de los países desarrollados con productos que no se producen en esas naciones. Sin embargo, la exportación también se dirige a los países que tienen los mercados más desarrollados y han experimentado las mayores tasas de crecimiento en la superficie y producción orgánica en busca de la autosuficiencia, al menos en los productos que les es posible producir, destacando: granos, hortalizas en verano, ganadería, y alimentos procesados (Gómez, 2007).
Además de que México es uno de los principales países productores y exportadores de alimentos orgánicos en el ámbito internacional, nuestro mercado nacional ha empezado a desarrollarse a través de tianguis y tiendas. No obstante, la normatividad para regular y fortalecer las operaciones orgánicas de conformidad con las exigencias de dichos mercados, aún deja mucho que desear. La Secretaría de Agricultura, Ganadería, desarrollo Rural, Pesca y Alimentación (SAGARPA), a través del Servicio Nacional de Sanidad, Inocuidad y Calidad Agroalimentaria (SENASICA) y la Universidad Autónoma Chapingo (UACh), han organizado conjuntamente los "Talleres Nacionales para el Fortalecimiento y desarrollo de Capacidades del Sector Orgánico y su Sistema de Control" (Gómez, 2007).
En el capítulo correspondiente, se analiza la normatividad sobre productos y producción orgánica en México.

8.-CONTROL DE PLAGAS Y ENFERMEDADES

Lo esencial es situar a las plantas en las mejores condiciones posibles de desarrollo, para que sus mecanismos de defensa puedan funcionar con normalidad. De este modo, la AO debe llevarse a cabo mediante técnicas de cultivo que permitan que los daños causados por las plagas y enfermedades tengan poca importancia: variedades bien adaptadas al ambiente, un programa de abono equilibrado, tierras fértiles con actividad biológica elevada, rotaciones correctas, asociación de cultivos, abonos verdes, entre otras técnicas aplicables.
Lo primero es una Manejo Integral de Plagas, que algunos autores consideran equivalente al Manejo integral de cultivos.

8.1 MANEJO INTEGRAL DE PLAGAS

Esta opción parte de considerar que cada agro-ambiente es diferente y que cada productor debe, por lo tanto, analizar cuidadosamente las opciones de que disponen para el control de plagas, de manera que pueda tomar decisiones informadas, ecológica y, desde luego, efectivas. Estas decisiones pueden variar no sólo entre regiones, sino incluso entre ranchos de la misma región, en función de los demás factores (Kimari y cols, 2002).
El enfoque del Manejo Integral de Plagas (MIP) requiere que cada agricultor vaya adquiriendo conocimientos adecuados y desarrollando habilidades para comprender su agro-ecología, así como sus circunstancias. La adecuada implementación del (MIP) por parte de los agricultores requiere que (Kimari y cols, 2002):

- El productor conozca su agro-ecosistema y su relación con plagas, malezas y enfermedades
- Un enfoque práctico para el manejo de los cultivos de manera efectiva, costeable y sustentable
- La disposición de agricultores, investigadores, autoridades y otros participantes de la producción agrícola para experimentar, modificar e innovar.
- La promoción de métodos contaminantes de control de plagas.

Los principales grupos de métodos que pueden aplicarse en un esquema de manejo integral de plagas (MIP) dentro de la AO son, desde luego, métodos que no dañan el ecosistema sino que favorecen su permanencia y fortalecimiento son:

8.2 CONTROL BIOLÓGICO

El departamento de Agricultura de los Estados Unidos de América (USDA) propone una definición global acerca del control biológico: "es la supresión de una plaga con un agente biótico, excluyendo la mejora vegetal por resistencia a plagas, técnicas de esterilización y modificaciones químicas del comportamiento de la plaga" (Lampkin, 1998).

En el control biológico contra plagas se aprovechan los enemigos naturales de éstas, para impedir el desequilibrio ecológico que generan las prácticas agrícolas que aplican sustancias químicas sintéticas; este control incluye desde insectos parasitoides y depredadores, hongos y bacterias entomopatógenos, es decir, que enferman a los insectos que constituyen las plagas (Reyes, 2000).

En México, el control biológico con insectos ha dado buenos resultados, para controlar plagas del algodonero, palomilla de los cereales, Heliothis spp, entre otras, y Trichograma prestiosum, en Sinaloa, para el control del gusano alfiler del tomate y gusano del fruto. Además de otros insectos parasitoides como Bracon, que parasita larvas de mariposas, y Cefalonomia que parasita la broca del café. En tanto que insectos depredadores como Crysopa se usan para el control de pulgones, mosca blanca y pequeños gusanos. (Reyes, 2000).

8.3. CONTROL CON SUSTANCIAS INOCUAS PARA EL AMBIENTE

Este tipo de aplicaciones en realidad, son muy antiguas; incluye cenizas de leña, vinagre, aceite vegetal, jabón, alcohol así como macerados y extractos de plantas como narciso, ajo, chile, cebolla, ortiga, neem o lilia de las Indias, entre muchos otros (Gómez y vázquez, 2011).

Todas estas sustancias se procesan en el suelo de manera natural y si bien no son efectivas contra todo tipo de plagas, ya se ha mencionado que en la AO se parte de un buen conocimiento del agricultor, respecto a sus productos, su región y las plagas que los afectan.

9.-CONSERVACIÓN DE SUELOS

El propósito fundamental en un sistema de producción agrícola orgánica (o sustentable bajo cualquier esquema), es mantener el suelo biológicamente estable, como espacio donde se propician y aseguran condiciones para mantener en equilibrio un suelo sano que entonces, nos proporcionará plantas sanas. (Núñez, 2000).
Para mantener la relación suelo sano–planta sana, es necesario conservar las condiciones biológicas del suelo, especialmente cuando se trabaja con suelos en pendiente, donde se deben controlar la erosión y el uso del agua.
Para conservar estas condiciones se utilizan técnicas agroecológicas como (Núñez, 2000):

- Diques. Se trata de contener el agua o hacerla circular con la construcción de un muro artificial. Para ello se utilizan materiales disponibles en el lugar como piedras, maderas y bloques. Los diques evitan la erosión, percolación y lixiviación.
- Barreras de contención de suelos. Se trata de vallas, maderas, tallos, troncos, piedras, plantaciones de cercas o cualquier otro material orgánico vivo o muerto, colocado conforme las curvas a nivel, con la finalidad de disminuir la velocidad del agua, con lo que se evita la erosión del suelo.
- Zanjas de desagüe, desviación y absorción. Son cauces construidos, por lo general, de manera artificial, por donde se conduce el agua para darle salida o para otros usos.
- Terrazas Utilizadas en terrenos con pendiente pronunciada, las terrazas son espacios en una serie de plataformas o bancos, dispuestos en escalones en las pendientes. El uso de terrazas tiene las siguientes ventajas: Detienen el arrastre de los suelos, reteniendo la humedad y controlando la erosión del suelo; mantienen la fertilidad del suelo al proteger una mayor extensión de terreno sin necesidad de mucha mano de obra; permiten aprovechar los materiales vegetales utilizados en la construcción de la terraza, para transformarlos en materia orgánica (Núñez, 2000).

10.HUMUS

"Es la materia orgánica presente en el suelo, que procede de la descomposición progresiva de los restos vegetales, y animales que se depositan en el mismo, entre los cuales destacan las hojas de árboles, cadáveres animales y vegetales, excretas y todo material de origen orgánico; se caracteriza por su típico color negruzco" (Morales, 1995). Cuando cae una hoja al suelo es atacada por hongos y bacterias y paulatinamente, esa hoja se convierte en humus; ocurre igual con el estiércol, cadáveres y cualquier material orgánico: son atacados por los microorganismos que degradan los macrocomponentes, y se forma humus.

El humus es una sustancia muy especial y beneficiosa para el suelo y para la planta. Agrega las partículas del suelo y forma una esponja que retiene agua; Airea el suelo, por lo que mejora su estructura. El humus retiene agua y nutrientes minerales evitando que se pierdan. También aporta nutrientes para las plantas a medida que se va descomponiendo la materia orgánica; esto evita pérdidas por solubilización y arrastre y permite el reciclado, por ejemplo, de nitrógeno, fósforo, potasio, magnesio, hierro (Núñez, 2000). El humus produce activadores del crecimiento que las plantas pueden absorber y mejora la nutrición y la absorción de vitaminas, reguladores de crecimiento (auxinas, giberelinas, citoquinas) y de sustancias con propiedades de antibióticos.
Las raíces se encuentran mejor en un suelo rico en humus que en uno pobre en esta sustancia. Determinar la cantidad de humus es importante para caracterizar los suelos; esto se hace llevando una muestra de suelo a analizar a un laboratorio especializado. La mayoría de los suelos cultivados tienen entre un 1 y 3 % de humus. Por ejemplo la arena de la playa no llega al 1 % pero el suelo de un bosque puede superar el 5%; Si sale un valor muy bajo es más que recomendable hacer un plan de mejora para aumentarlo mediante fuentes orgánicas (Infojardin, 2014).
En el proceso de composteo sucede más o menos lo mismo ya que se proporcionan a la mezcla de residuos orgánicos, los factores que aceleran el proceso de formación de humus (Morales, 1995).

11.-CARACTERISTICAS Y MANEJO DEL SUELO

Los suelos deben considerarse como subsistemas del agroecosistema del que forman parte. Esto significa que deben apreciarse sus ciclos ecológicos y biológicos, los cuales son producto de la enorme cantidad de organismos vivos (desde microorganismos hasta organismos superiores) que lo habitan, así como del perfil de ese suelo, que posibilita la nutrición de plantas y animales (Núñez, 2000). El suelo tiene elementos minerales y residuos de roca, elementos orgánicos y debe tener también, agua y aire.
En la fertilidad del suelo de producción agrícola, intervienen varios factores que afectan los procesos de las plantas e influyen en la relación suelo-planta. Los factores directos más importantes son: radiación solar, longitud del día, temperatura y el contenido de agua, aire y minerales del suelo.
Entre los de acción indirecta están los de ubicación geográfica (latitud, altitud, longitud), lluvia, topografía, textura y composición del suelo.
Tanto los directos como los indirectos, además de relacionarse entre sí, tienen un enorme efecto en la biota del suelo (que también se denomina el "edafón", es decir, el conjunto de seres vivos de todo tipo y tamaño, que habitan en un suelo específico). Y ésta a su vez, afecta todos los procesos de las plantas y por lo tanto, la relación suelo-planta. Por supues-

to, con los animales sucede otro tanto y en estas relaciones participan también las plantas (Nuñez, 2000).
La figura 1 nos muestra los factores ambientales de la producción agrícola en los agroecosistemas, los cuales constituyen los aspectos fundamentales de la fertilidad del suelo.

Figura 1. Factores de agroecosistemas y de producción agrícola.
Fuente: Adaptación a partir de Núñez, 2000

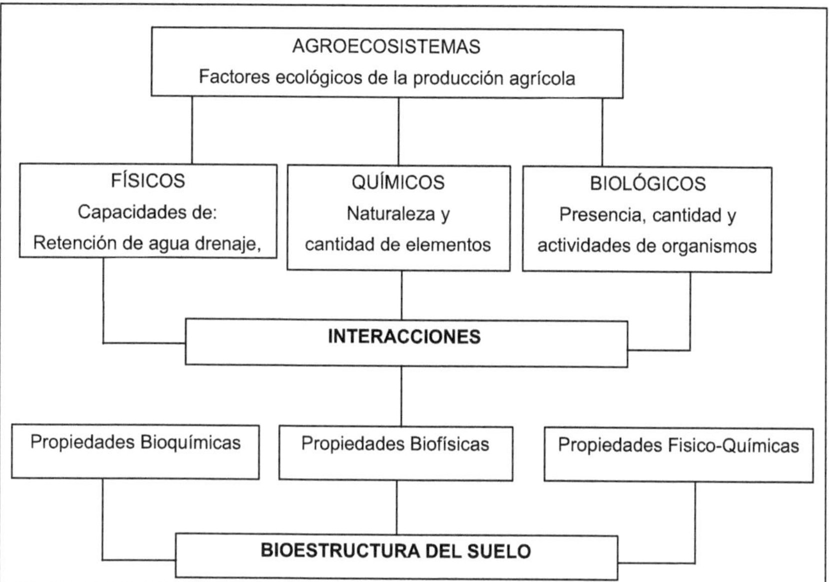

Un suelo ecológico sano es un suelo grumoso, resultante de la agregación química y biofísica. Es muy importante mantener su estructura, o mejor dicho la bioestructura que sólo se logra mediante la adecuada integración e interacción de las propiedades bioquímicas, biofísicas y fisicoquímicas, que a su vez dependen de los factores mencionados en la figura 1 (Núñez, 2000). Estos atributos se traducen en óptimos resultados para el cultivo:

- El mantenimiento de materia orgánica en el suelo.
- La disponibilidad y balance de nutrientes.
- El mantenimiento de las condiciones físicas del suelo.

12.-COMPOSTA, CARACTERISTICAS Y PROCESO.

Las compostas y vermicomposta son residuos orgánicos parcialmente degradados y estabilizados, ampliamente utilizados como sustratos en la producción de hortalizas, debido a que se ha reportado que la composta mejora la capacidad de almacenamiento de agua, mineralización del N, P, K, regula favorablemente el pH y fomenta la actividad microbiana (Nieto–Garibay et al, 2002).

En tanto, la vermicomposta es un producto obtenido a partir de la materia orgánica enriquecida como resultado de una serie de transformaciones bioquímicas y microbiológicas al pasar por el tracto digestivo de lombrices. Ambos sustratos orgánicos permiten satisfacer la demanda nutricional de los cultivos en invernadero. El composteo no es una técnica nueva, por siglos ha sido utilizada en el Oriente, principalmente en China. El padre del composteo moderno es "Sir Albert Howard" (Ruiz, 1993).

Las altas cifras de generación de desechos sólidos que se dan en todos los núcleos urbanos del mundo hacen cada vez más evidente la necesidad de contar con tecnologías apropiadas para la disposición final de estos materiales en forma segura, eficiente y económica, es decir de manera sustentable. Esta situación es particularmente urgente en los grandes asentamientos humanos.

Pero cuando los desechos sólidos se convierten en el gran problema de la basura, es cuando la preocupación es mayor debido a los problemas que genera como: los olores, el espacio que ocupa, los asentamientos humanos alrededor de estos sitios, los problemas de salud, entre otros (Ruiz, 1993).

El composteo es el proceso de aceleración de formación de suelo, y se realiza con los desechos de cocina y alimentos en general, residuos de jardinería, agrícolas y ganaderos, y de industrias agropecuarias.

"El composteo es una técnica relativamente simple, la transformación de los residuos ocurre principalmente a través de la acción de los microorganismos, presentándose en dos etapas: una física (desintegración) y otra química (descomposición). La descomposición de la materia orgánica puede ocurrir por dos procesos, en presencia de oxigeno (aeróbico) y en ausencia de éste (anaeróbico)

Descomposición aeróbica

Por descomposición aeróbica (con oxígeno) se consigue el composteo de residuos orgánicos, por medio de la reproducción masiva de bacterias aeróbicas y termófilas que están presentes en forma natural en cualquier lugar (posteriormente, la fermentación la continúan otras especies de bacterias, hongos y actinomicetos). Normalmente, se trata de evitar (en lo posible) la putrefacción de los residuos orgánicos (por exceso de agua, que impide la aereación-oxigenación y crea condiciones biológicas anaeróbicas malolientes), aunque ciertos procesos industriales de compostaje usan la putrefacción mediante bacterias anaeróbicas. El proceso aéreo acelera la estabilización y normalmente se evitan los malos olores.

Descomposición anaeróbica

Es la humificación de materia orgánica por microorganismos sin la presencia de oxígeno. El resultado final es una mezcla constituida por metano (CH4) y dióxido

de carbono (CO_2). Durante el proceso de la descomposición anaerobica se forman como productos intermedios, unos ácidos orgánicos de olor intensivo.
El resultado final es un abono orgánico de color obscuro listo para ser usado para cualquier cultivo" (Jeavons, 1991; Ruiz, 1993).
La materia orgánica en general, representa la base de la fertilidad de los suelos ya que constituye una fuente fundamental de los nutrimentos para las plantas, estos nutrientes son liberados de la materia orgánica mediante el proceso de mineralización, en el ambiente natural (ecosistema equilibrado); en la naturaleza, este es un proceso lento, sin embargo puede ser acelerado mediante el composteo.
El composteo se define como la degradación bioquímica activa de residuos biodegradables (orgánicos), mediante la aplicación de controles de temperatura, humedad y aireación, que aceleran el proceso natural de reciclado de los elementos; es decir mediante una acción microbiana controlada y que genera un material útil para enriquecer, abonar o mejorar los suelos, evita el impacto ambiental que estos residuos generan y permite aprovechar los abundantes recursos que contienen (Tortosa, 2014).
El proceso de composteo es semejante al que realiza la naturaleza para renovar el suelo, El composteo se desarrolló para mejorar los suelos, reponiendo la materia orgánica y los micronutrientes perdidos a causa de un cultivo exhaustivo.
Es importante entender que "no toda biomasa descompuesta es composta; la composta deberá estar construida por biomasa completamente digerida que posea la estructura del humus. La composta que sirve para construir la fertilidad del suelo o para reciclar los minerales se obtiene mediante un proceso que consta de dos etapas: fermentación y formación de humus. La fermentación es la descomposición inicial de materiales orgánicos. (Rioch, 1994).
El proceso de fermentación tiene a su vez, dos partes importantes:

- La fase mesofílica que presenta temperaturas de 8 a 45°C en la que se degradan carbohidratos de fácil transformación.
- La fase termofílica donde actúan los hongos y bacterias, principalmente los actinomicetos, a temperaturas superiores de 45°C siendo las bacterias las que degradan celulosa, hemicelulosa y lípidos, aunque algunas son activadas a temperaturas superiores a los 70°C (Morales et al, 1995).

En el cuadro siguiente se resumen los factores que de alguna manera influyen sobre el proceso de compostaje, su manejo y la mejor producción de un abono orgánico.
Figura 2. Factores que intervienen en el composteo
Fuente: Morales, 1995.

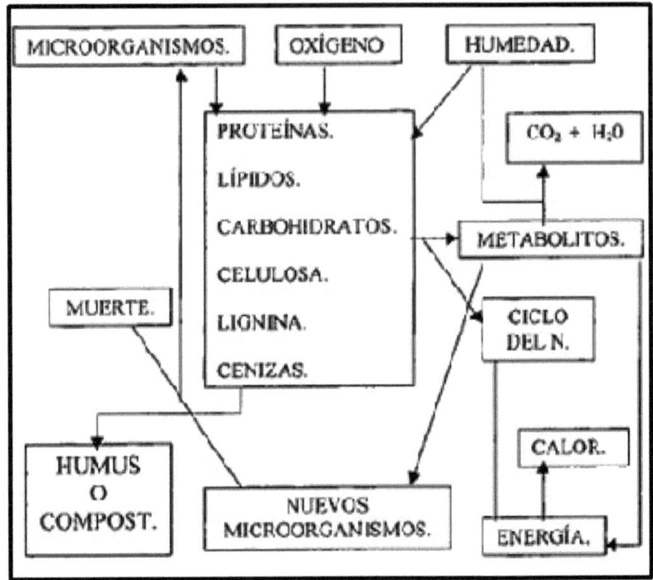

Como se puede apreciar es un proceso complejo, en el que la materia orgánica sometida a la acción microbiana, en presencia de oxígeno y humedad, genera metabolitos que a su vez generan energía que se desprende en forma de calor.

Hay cambios en las poblaciones microbianas, ya que el cambio de condiciones a lo largo del proceso, reduce las posibilidades de algunos de ellos hasta eliminarlos, en tanto que favorece a otros. La composta se auto-pasteuriza, pues el calor generado elimina a la mayoría de los microorganismos patógenos presentes (Morales, 1995). Y desde luego, este proceso que se lleva a cabo muy lentamente en la naturaleza, puede acelerarse como muestra el siguiente diagrama, incluyendo las fases y condiciones:

Figura 3. Fases y condiciones del composteo.
Fuente: Tortosa, 2014.

Parte de la humedad de la composta debe añadirse a lo largo del tiempo, pero la respiración aerobia de esos microorganismos también genera agua que permanece en la mezcla (Morales 1995).

Como puede apreciarse, el proceso completo lleva de 3 a 6 meses, dependiendo de las condiciones; sin embargo, las fases descritas deben desarrollarse plenamente para alcanzar los propósitos del composteo, específicamente una buena degradación de materia orgánica que de lugar a los ciclos de los elementos, los cambios de pH, composición y temperatura que faciliten la formación de sustancias húmicas y una adecuada pasteurización de la mezcla, que sucede arriba de 65°C (Rioch, 1994).

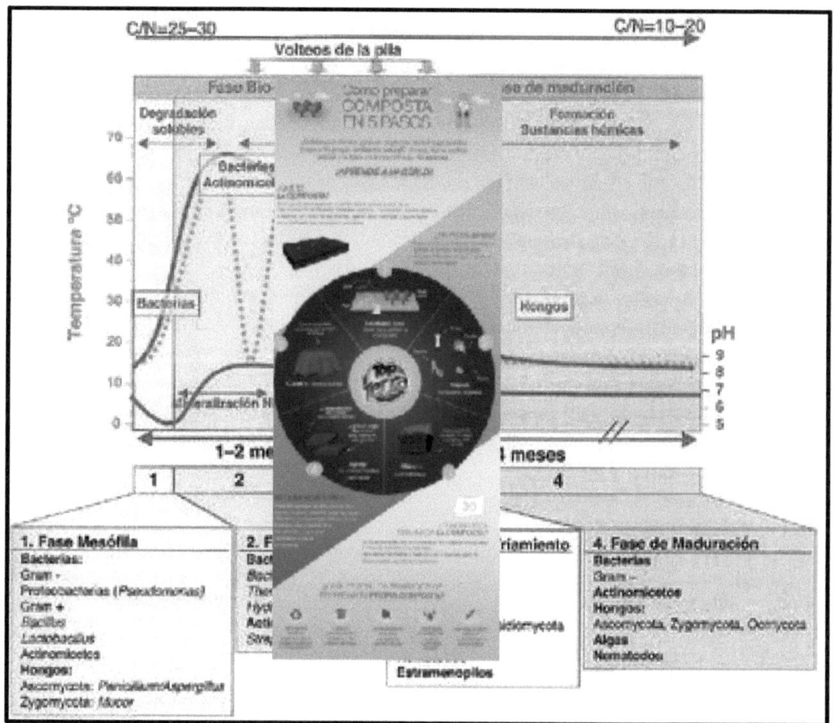

Figura 4: como hacer composta casera
Fuente: labioguia.com

13. CERTIFICACION Y MÉTODOS DE CONTROL PARA DESARROLLAR LA AGRICULTURA ORGÁNICA CERTIFICADA.

Es relativamente fácil encontrar productos orgánicos en el mercado, sin embargo, dado que sus precios tienden a ser mayores que los de los productos obtenidos mediante agricultura convencional, los distribuidores y comerciantes abusivos pueden suplantar productos orgánicos, por convencionales y subir los precios injustificadamente. Así, los consumidores no están seguros de que efectivamente los productos que pagan como "orgánicos" lo sean; por eso se necesita una garantía, un certificado de que si lo son. Francia es el primer país en reglamentar una certificación oficial para los productos orgánicos, expidiendo además una ley del 4 de julio de 1980 en orientación agrícola (Ruíz, 1993).

La certificación es el mecanismo utilizado para verificar que un cultivo es, efectivamente, orgánico; que se ha obtenido estrictamente bajo los principios de AO. Se lleva a cabo por entidades que solamente hacen dicha certificación y no están involucradas en la producción ni comercialización. El propósito de la certificación orgánica será asegurar que los acuerdos sobre sistemas orgánicos de producción sean aplicados por agricultores, empacadores, secadores y demás procesadores de alimentos. Ésta consta de tres etapas: 1. Normas; 2. Inspección y 3. Certificación.

13.1.- METODO DE CONTROL

Para obtener la certificación en México es necesario enviar la solicitud respectiva a la institución acreditadora de su preferencia, autorizada por la SAGARPA, es decir, inscribir oportunamente los lotes de producción (ICAMEX, 2009).

Una vez inscritos y aceptados los lotes, predios, fincas o porciones de éstas, se inicia un programa de certificación; debe de tener una estructura definida con los tres componentes funcionales ya mencionados. La decisión de aprobar o rechazar una propuesta de certificación será tomada por miembros del Comité Dictaminador. El resultado del dictaminante deberá darse a conocer por escrito a los interesados, indicando los factores que determinen su aprobación o rechazo.

Una vez que el agricultor es notificado de la decisión de la certificación, debe ser firmado un contrato, legalmente obligatorio; éste debe incluir:

- Una descripción exacta de lo que está siendo certificado y por qué periodo de tiempo.
- Las obligaciones emprendidas por la licencia incluyendo cualquier condición especial y restricciones.
- Las obligaciones emprendidas por el programa de certificación.
- Provisión de cuotas.
- Provisiones para inspectores.
- Provisiones para facilitar sanciones de técnicas ya expiradas.
- Términos para el uso de cualquier símbolo o marca de certificación.
- La licencia y/o número de producto.
- Gastos administrativos del programa.
- Comisiones hasta el 0.5% sobre ventas realizadas sobre el sello de la certificadora.
- Honorarios y gastos del inspector (AMAE, 1995).

El vertiginoso crecimiento del mercado de productos orgánicos ha creado situaciones de ambigüedad en torno a los principios éticos y sociales característicos del movimiento orgánico inicial. En el caso de México ha evolucionado en la formación de cuerpos de inspectores mexicanos; estos jóvenes técnicos, muchos surgidos de las cooperativas pioneras de café orgánico de la década de 1970, actualmente reciben capacitación habitual de OCIA International (Organic Crop Improvement Association), y otros organismos internacionales y son el resultado de la lucha de las cooperativas por reducir los altos costos de la certificación.

Este grupo de jóvenes profesionales, muchos de los cuales son hijos de agricultores orgánicos, han tratado, junto con organizaciones internacionales, de influir en la actualización de los estándares, para reflejar la realidad agronómica y social de los agricultores mexicanos. Desafortunadamente, los cambios en los procesos de certificación han debilitado el papel de los inspectores, tanto en su función de intermediarios ante los organismos de certificación como de agentes de entrenamiento y asistencia técnica para los agricultores locales y los han relegado a un desempeño más formal y burocrático.

Es importante que todos las partes involucradas en el sector orgánico trabajen en conjunto para resolver estos problemas y busquen desarrollar estándares y prácticas adecuadas para la agricultura orgánica, para la certificación de ésta y para el comercio justo. Es indispensable que los agricultores participen más en los procedimientos de certificación y mercadeo, y seguir mejorando las relaciones entre consumidores y productores (González, 2007).

13.2.- ORGANISMOS CERTIFICADOS

Los principales organismos de certificación actualmente aprobados en México por la autoridad (Senassica, SAGARPA) se publican en el documento denominado: Padrón de Organismos de Certificación Aprobados para Certificar Productos Orgánicos; éste ha tenido varias actualizaciones a lo largo del tiempo; las últimas dos fueron el 20 de agosto de 2014 y el 22 de enero de 2015. Los autorizados actualmente, en este último documento, se resumen en el siguiente cuadro:

Tabla 1. DIRECTORIO DE ORGANISMOS DE CERTIFICACIÓN APROBADOS PARA LA CERTIFICACIÓN DE PRODUCTOS ORGÁNICOS.

Fuente: Adaptación de SAGARPA, 2015

Representante legal	Dirección y teléfono	Correo y página electrónica	Clave de Aprobación	Vigencia
Certificadora Mexicana de procesos y productos ecológicos, S.C. (CERTIMEX, SC)				
Taurino Reyes Santiago	16 de Septiembre 204, Ejido Guadalupe Victoria, 68026. Oaxaca de Juárez, Oax. 0195-1520-2687	certimex@certimexsc.com www.certimex.com	SENASICA-OCO-20-001	03-06-2019
Mayacert México, S.C.				

Waldemar Blas Bustamante	Emilio Portes Gil 117, Pueblo Nuevo, 68274, Oaxaca, Oax. 0195-1522-9667	mayacert@yahoo.com.mx www.mayacert.com	SENASICA-OCO-20-002	20-06-2019
METROCERT, S.A de C.V.				
Mauricio Soberanes Hernández	Académico de Letrán 7, Fracc. Andrés Quintana Roo, 58088, Morelia, Mich. 01 44-3340-7744	contacto@metrocert.com www.metrocert.com	SENASICA-OCO-16-003	20-06-2019
Instituto para el Mercadeo Ecológico, S.A de C.V.				
Jenny Roxana Balderrama Mariscal	Calle Palma Norte 308, Edificio México, despacho 309. Col. Centro, Deleg Cuauhtémoc, 06010, México, D.F. 55-5510-9471	imomexico@imo-la.com www.imo-la.com	SENASICA-OCO-09-004	01-10-2019
AGRICERT MÉXICO, S.A de C.V.				
Víctor Manuel Rodríguez Luengo	Paseo de la Revolución 330. Col. Emiliano Zapata, Uruapán, Mich. 60180 01 453-2502-0203	info@agricert.mx www.agricert.com	SENASICA-OCO-16-005	14-11-2019

14.-NORMATIVIDAD

El elemento más importante y directamente relacionado con las empresas de producción orgánica de alimentos es la Ley de Productos Orgánicos, que fue publicada en el DOF el 7 de febrero de 2006. El texto íntegro de esta Ley está disponible en a través de la página de Leyes y Reglamentos Federales, en el portal de SEGOB, sección de Orden Jurídico. Para fines de este trabajo, se han analizado los aspectos más importantes; se divide en 8 Títulos que abarcan 50 artículos, más 5 artículos transitorios.

Resaltan, desde luego el propósito y los objetivos de la Ley, contemplados en el artículo 1° y que se transcribe íntegramente:

Artículo 1.- La presente Ley es de orden público y de interés social y tiene por objeto:

I. *Promover y regular los criterios y/o requisitos para la conservación, producción, procesamiento, elaboración, preparación, acondicionamiento, almacenamiento, identificación, empaque, etiquetado, distribución, transporte, comercialización, verificación y certificación de productos producidos orgánicamente;*

II. *Establecer las prácticas a que deban sujetarse las materias primas, productos intermedios, productos terminados y subproductos en estado natural, semiprocesados o procesados que hayan sido obtenidos con respeto al medio ambiente y cumpliendo con criterios de sustentabilidad.*

III. *Promover que en los métodos de producción orgánica se incorporen elementos que contribuyan a que este sector se desarrolle sustentado en el principio de justicia social;*

IV. *Establecer los requerimientos mínimos de verificación y certificación orgánica para un sistema de control, estableciendo las responsabilidades de los involucrados en el proceso de certificación para facilitar la producción y/o procesamiento y el comercio de productos orgánicos, a fin de obtener y mantener el reconocimiento de los certificados orgánicos para efectos de importaciones y exportaciones.*

V. *Promover los sistemas de producción bajo métodos orgánicos, en especial en aquellas regiones donde las condiciones ambientales y socioeconómicas sean propicias para la actividad o hagan necesaria la reconversión productiva para que contribuyan a la recuperación y/o preservación de los ecosistemas y alcanzar el cumplimiento con los criterios de sustentabilidad.*

VI. *Permitir la clara identificación de los productos que cumplen con los criterios de la producción orgánica para mantener la credibilidad de los consumidores y evitar perjuicios o engaños.*

VII. *Establecer la lista nacional de substancias permitidas, restringidas y prohibidas bajo métodos orgánicos así como los criterios para su evaluación, y*

VIII. *Crear un organismo de apoyo a la Secretaria donde participen los sectores de la cadena productiva orgánica e instituciones gubernamentales como competencia en la materia, quien fungirá como consejo asesor en la materia.*

En cuanto a su aplicación, se establece en el DOF, que la ley entra en vigor el 8 de febrero de 2006 y que:

> Artículo 2.- Son sujetos de la presente Ley, las personas físicas o morales que realicen o certifiquen actividades agropecuarias mediante sistemas de producción, recolección y manejo bajo métodos orgánicos, incluyendo su procesamiento y comercialización.

> La Ley define como "Producción Orgánica: Sistema de producción y procesamiento de alimentos, productos y subproductos animales, vegetales u otros satisfactores, con un uso regulado de insumos externos, res-

tringiendo y en su caso prohibiendo la utilización de productos de síntesis química".

El Título Segundo de dicha Ley se refiere a los Criterios de Conversión, producción y procesamiento de productos orgánicos.

El Título Tercero se considera uno muy importante pues establece la creación del Consejo Nacional de la Producción Orgánica, incluyendo su integración y funciones; la primera parte dice:

> "Se crea el Consejo Nacional de Producción Orgánica como órgano de consulta de la Secretaría, con carácter incluyente y representativo de los intereses de los productores y agentes de la sociedad en el tema, así como de su integración que incluye al titular de la Secretaría de Medio Ambiente y Recursos Naturales, así como a representantes de las organizaciones de procesadores, comercializadores, organismos de certificación, de consumidores y de organizaciones nacionales de productores de las diversas ramas de la producción orgánica".

El Título Cuarto se refiere precisamente al Sistema de Control y Certificación de Productos Orgánicos, los Organismos de Certificación, sus funciones y los requisitos que deben cumplir. Se refiere también al uso de métodos, sustancias y/o materiales en la Producción Orgánica, así como a las referencias en el etiquetado y declaración de las propiedades de los productos. En cuanto a este apartado, cabe señalar que los Reglamentos y disposiciones específicos respectivos son documentos adicionales, derivados de dicha Ley. Los más importantes y vigentes hoy día son:

- Reglamento de la Ley de Productos Orgánicos, publicado en el DOF el 1° de abril de 2010. Aborda temas como las importaciones, informes anuales de los Organismos certificadores, la conversión, certificación, renovación y otros temas relacionados, así como del fomento a la Producción Orgánica y los convenios para lograrlo. Incluye también capítulos referentes a un Sistema Nacional de Producción Orgánica y a un padrón de productores.
- Distintivo Nacional para la Producción Orgánica, publicado en el DOF el 25 de octubre de 2013.
- Lineamientos para la Operación Orgánica, publicados en el DOF el 29 de octubre de 2013

El Título Quinto de la Ley de Productos Orgánicos se refiere a las Importaciones de éstos y, algo muy interesante, a la importación de insumos para la producción orgánica. Y establece que en ambas, siempre se habrá de considerar la opinión del Consejo Nacional de la Producción Orgánica, que ya se ha mencionado.

El Título Sexto es de gran interés para los productores y el desarrollo de este sector en México, pues establece las funciones de la Secretaría y del gobierno federal así como de los gobiernos estatales y locales, en la Promoción y Fomento de la Producción Orgánica, elementos que son indispensables para lograr un verdadero desarrollo y consolidación de este Sistema así como de sus beneficios para el país y para los productores.

A través del análisis realizado, también conviene detenerse en el valor del Título Séptimo: Criterios Sociales en los Métodos de Producción Orgánica, que en su único artículo establece:

> ***Artículo 42.-*** *Los programas que establezca el Gobierno Federal para el apoyo diferenciado de las actividades reguladas en el presente ordenamiento, deberán considerar como ejes rectores, criterios de equidad social y sustentabilidad para el desarrollo.*

Cabe resaltar la importancia de estos mandatos de la Ley. El mejoramiento de la productividad y de los ingresos a través de una mejor satisfacción de las demandas de los consumidores, debe generar equidad social, mejores condiciones para los productores, sustentabilidad y desarrollo en general, para las regiones. Si todo esto no se cumple, el proceso será ineficiente.

Finalmente, el Título Octavo de las Infracciones, Sanciones y Recurso Administrativo, es el último de esta Ley y es suficientemente explícito.

En algunos de los análisis publicados por expertos sobre estos documentos, se reportan los siguientes beneficios de la implementación del Marco Regulatorio de Producción Orgánica:

- Operación del Sistema de Control Nacional para Productos Orgánicos
- El ordenamiento de los servicios de certificación
- La gestión de equivalencias con otros países
- El ingreso de México a la Unión Europea, como país tercero
- Y la posibilidad de generar estadísticas oficiales del sector

14.1.- EL REGLAMENTO DE LA LEY DE PRODUCTOS ORGÁNICOS

Este Reglamento fue expedido el 1° de abril de 2010, consta de 12 capítulos y 70 artículos. Su propósito es reglamentar la Ley de Productos Orgánicos y establece que su aplicación e interpretación corresponden al Ejecutivo Federal por conducto de SAGARPA, excepto en el caso de recursos forestales, caso en el cual la aplicación e interpretación de la Ley y de su Reglamento, corresponden a SEMARNAT.

El capítulo primero especifica definiciones, objetivos y coordinación de acciones. Resalta la definición de Producto Orgánico como:

> "aquel que se obtiene conforme a los sistemas de producción y procesamiento establecidos en la Ley y las disposiciones que de ella deriven".

Esto es importante porque no deja a la interpretación de productores ni comerciantes, ni a criterios mercadológicos, una denominación tan importante y por la cual, el consumidor paga un sobreprecio importante.

El capítulo 2 detalla la conversión de producción tradicional a producción orgánica, y establece la necesidad de un "Plan Orgánico" de los operadores.

El capítulo 3 define detalladamente la integración y representatividad del "Consejo Nacional de Producción Orgánica", (ya mencionado en la Ley), al cual otorga la responsabilidad de emitir sus propias "Reglas de Operación Internas".
A continuación, en los capítulos 4 y 5 del Reglamento se detallan los requisitos y proceso de la Certificación Orgánica y lo referente a los Organismos de Certificación, respectivamente. Sobre éstos últimos, se incluyen 5 secciones: la 1 que se refiere a los requisitos de aprobación de dichos organismos por SENASICA. La sección 2 versa sobre el Informe Anual que deberán presentar ante la Secretaría, por conducto de SENASICA. Las secciones 4 y 5 del capítulo 5 se refieren, respectivamente a la renovación y prórroga de la aprobación de los Organismos de Certificación Orgánica y a la suspensión y revocación de dicha aprobación. Dentro del mismo capítulo 5, la sección 3 establece el contenido del "Certificado Orgánico" emitido por los Organismos en cuestión, así como los requisitos de documentación y rastreabilidad de los Certificados.

El capítulo 5 se refiere a los Operadores Orgánicos e indica la obligación de llevar sistemas de registro, estadísticas de los mismos y la obligación de permitir la inspección de dicha documentación. Considero que el contenido de este capítulo es muy importante ya que compromete al productor y al comercializador, y brinda certeza al consumidor.

El capítulo sexto que se refiere al nivel operativo directo, resalta la importancia de la documentación de los procesos productivos; cabe recordar que siempre vienen aparejadas las necesidades de trazabilidad y de inspección que permitan garantizar lo que se ofrece al consumidor.

También brindan certeza al consumidor, los capítulos 7 y 8 ya que el primero de ellos establece que la Secretaría es la responsable de indicar qué sustancias y materiales son permitidos, restringidos y prohibidos en toda la cadena productiva de PO; establece también que para ello, contará con la opinión técnica del Consejo de Producción Orgánica. Explicita también la consideración de acuerdos internacionales para la evaluación e integración de requisitos de dichas sustancias y materiales. Y el capítulo 8° se refiere a las declaraciones y referencias en el etiquetado. Establece la obligación de incluir el número de Certificado y el número de identificación del Organismo de Certificación Orgánica que lo expide, entre otros datos relevantes.
Acorde con el espíritu general del Reglamento, el capítulo 9 sigue brindando certeza al consumidor, a través de los requisitos que establece para la importación de productos orgánicos.

Considero que el capítulo 10 es uno de los más importantes para el desarrollo de estos productos y para la incursión en nuevos mercados ya que se refiere al Fomento y Promoción de la Producción Orgánica. Como efectos adicionales, el cumplimiento de estas disposiciones puede beneficiar a la salud de los consumidores y al ambiente; comienza estableciendo que:

> "la Secretaría fomentará los programas de apoyo a la producción bajos métodos orgánicos, y de consumo de productos orgánicos",

También señala que impulsará la certificación y el fortalecimiento de la producción, imagen y comercialización de PO, así como la incorporación de técnicas de producción orgánica. Este capítulo incluye tres secciones: La Sección 1 versa sobre Convenios de coordinación entre la Secretaría, las Entidades Federativas y Municipios, así como instituciones y organizaciones públicas y privadas, para alcanzar los fines establecidos. La Sección 2 se refiere a los Convenios de Concertación, que son aquellos que precisan las aportaciones de los participantes para el desarrollo de las acciones, obras, programas y servicios necesarios para la producción Orgánica. Y la Sección 3 se refiere a la Promoción de los PO a través de diversas actividades y de la coordinación entre los participantes, para impulsar la producción orgánica y aprovechar los mercados nacionales e internacionales de estos productos.

El capítulo 11 establece que la Secretaría administrará un Sistema de Control Nacional de participantes en la producción orgánica, así como lo referente a su integración y a la del padrón de participantes.

El capítulo 12 habla de infracciones y sanciones. Destaca el artículo 65, que establece que toda persona puede denunciar directamente ante la Secretaría, hechos que puedan constituir infracciones administrativas y violaciones a la Ley de Producción Orgánica, a este Reglamento y a cualquier ordenamiento relacionado con ésta.
El Reglamento tiene también un apartado de artículos transitorios.
Seguramente nos faltan herramientas operativas y legales para optimizar la Producción Orgánica, pero con las salvedades mencionadas, creemos que algo se ha avanzado y que se debe perseverar en el esfuerzo.

15.-MÉXICO Y EL COMERCIO INTERNACIONAL DE PRODUCTOS VEGETALES

México posee una riqueza de climas y ecosistemas que permiten la adecuada producción de vegetales durante todo el año, lo cual constituye una de las principales ventajas para el comercio internacional. En el país se produce una gran variedad de hortalizas, frutas y verduras que se distinguen por la diversidad de especies, su sabor y propiedades nutritivas; de ahí el creciente reconocimiento a su importancia en la alimentación diaria. Este gran surtido y la excelente ubicación geográfica dan a México una ventaja competitiva para la exportación de estos productos.

Sin embargo el mercado internacional es cada vez más competido, los proveedores que pagan mejores precios son los más exigentes y por todo ello, los proveedores de frutas y verduras se han preocupado por que éstas se encuentren en las mejores condiciones para ser comercializadas y en ofrecer garantías de su calidad, incluyendo la calidad de "orgánicas" cuando es el caso (ProMéxico, 2013)._

Nuestros principales mercados, además del interno, donde también existe ya una demanda, pequeña pero creciente de alimentos orgánicos. son Estados Unidos, seguido de Canadá, Costa Rica, Perú y Chile. (ProMéxico, 2013).

Los principales productos exportados de México a la Unión Americana durante el primer cuatrimestre del 2012, fueron: jitomate, cerveza, azúcares refinados, aguacates, pimientos, licores, ganado bovino en pie, uvas, melón, caña de azúcar, sandía y café sin tostar. Las exportaciones agroalimentarias (agropecuarias, agroindustriales y pesca) que México realiza alcanzaron los 8 mil 165 millones de dólares en dicho periodo. Nótese que de esos 12 productos, 8 son productos agrícolas y en la producción de 3 de los otros 4 (cerveza, azúcar, ganado bovino) también hay demanda por productos "orgánicos" con todas las implicaciones que ello tiene.

México comercializa sus productos agroalimentarios en 168 destinos, lo que se refleja en un incremento en sus exportaciones y su relación con otros países. A través de una red de 12 tratados, México envía estos productos a 44 países del mundo con los que tiene un acuerdo comercial, principalmente países europeos y asiáticos que son mercados muy exigentes en el sentido de los rigurosos estándares de calidad que solicitan para permitir la entrada de productos agrícolas, y del crecimiento de nichos específicos como el de productos orgánicos.

Dentro de los principales productos que México exporta a través de los productores de frutas y verduras, se encuentran el aguacate que en 2011 se comercializó en el exterior a 989.7 millones de dólares, lo que representa un incremento del 47.1 por ciento, en relación con el año anterior. Otro fruto de importancia comercial para México es el jitomate; en 2011 este fruto ubicó su valor en 2,126 millones de dólares, un aumento del 9.3 % en relación a 2010 (ProMéxico, 2013). Veamos las gráficas 4 y 5:

Como se aprecia en la gráfica 4 exportamos en primer lugar aguacate, moras, limón, mango, plátano y melón; el primer destino de todos estos productos es EUA, seguido de Japón, Canadá y el Reino Unido. También exportamos al resto de Europa (Francia, Italia, España, Bélgica, Holanda, Alemania) y a algunos paises de CentroAmérica y a Rusia.

Figura 4. Valor y destino de los principales productos agroindustriales exportados por México
Fuente: Feeding the World, 2013 en ProMéxico, 2013.

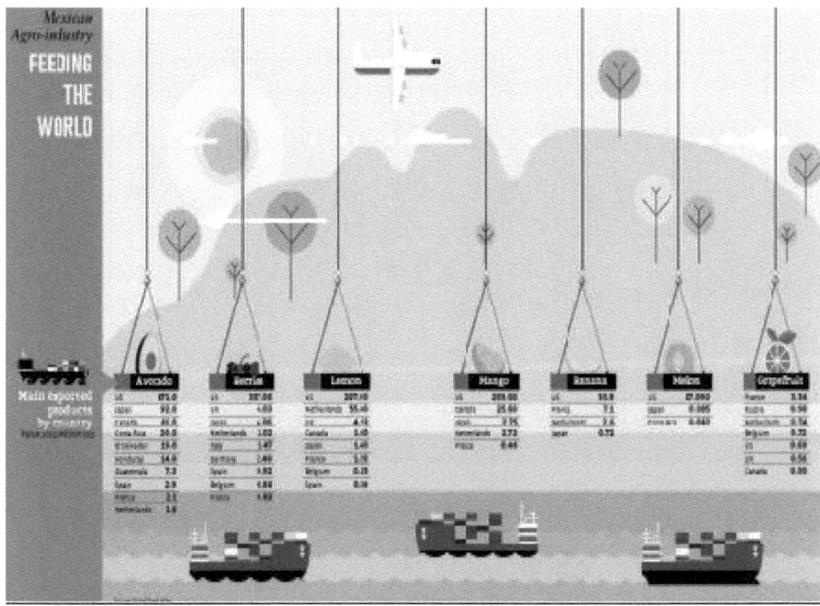

Y en la figura 5 se aprecia que destacan por superficie cultivada y por producción: aguacate, papaya, piña, cebolla, sandía, pepino y toronja. Y aunque no se distinguen en esa gráfica, en 2012 (y en muchos otros años) México ha sido el primer exportador mundial de jitomate, aguacate, mango y papaya y un exportador muy destacado de melón, sandía, lima, limón, pepino, cebolla, fresas y otros vegetales.

Figura 5. Producción agrícula mexicana de 2011: Superficie cultivada y producción. Abajo: principales exportaciones.
Fuente: Feeding the World, 2013 en ProMéxico, 2013.

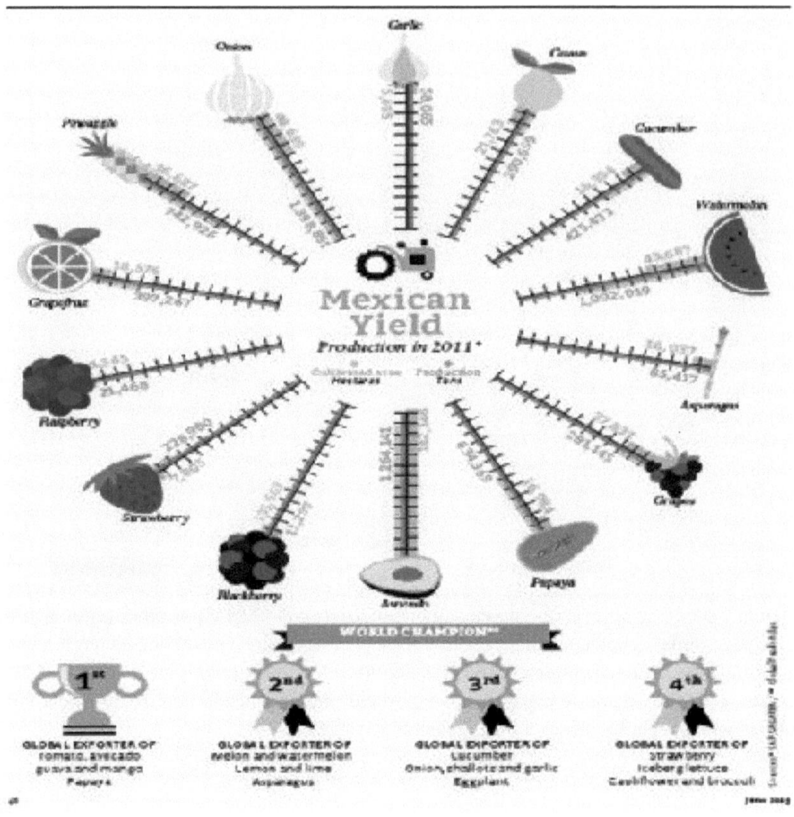

15.1.-INVERSUÓN Y COMERCIO INTERNACIONAL

En el comercio internacional, la diversidad de climas y ecosistemas mencionada coloca a México en una situación de ventaja ante otros competidores potenciales. Se producen alrededor de 70 variedades de hortalizas por lo que existen numerosos proveedores de frutas y verduras; además de la variedad de especies, los sabores, texturas y propiedades nutricias hacen que las frutas sean muy utilizadas por las familias mexicanas en desayuno, postres o colaciones, como parte de su alimentación diaria.

México debe aprovechar esa gran diversidad de productos, la productividad casi ininterrumpida a lo largo del año y la excelente ubicación geográfica con que cuenta. Además estamos en un periodo en el cual se valora especialmente la importancia de frutas y verduras para la salud. A través de diversos estudios se ha demostrado que las familias que las incluyen como parte de sus dietas, tienen un riesgo menor de contraer algunas enfermedades. También hay múltiples reportes sobre el hecho de que un equilibrado consumo de estos nutrientes, se logra el buen funcionamiento del organismo. Es por ello, que los proveedores de frutas y verduras se han preocupado por que éstas se encuentren en las mejores condiciones para que puedan ser consumidas en cualquier presentación culinaria. Gracias a ello, nuestro país continúa posicionándose en el primer lugar como exportador de algunos productos y uno de los más importantes, en conjunto, contando con proveedores de frutas y verduras especializados, que se dirigen principalmente a los mercados como E.U.A, Canadá, Costa Rica, Perú y Chile.

Uno de los reportes más importantes en este rubro, señala que las ventas internacionales de estos productos crecieron durante el periodo de enero – abril de 2012 a una tasa anual del 1.5 %. (ProMéxico, 2013).

Existen diversas estrategias que han permitido la integración y fortalecimiento de los sistemas de producción. El apoyo de bienes públicos para el desarrollo de las tecnologías ha dado valor agregado que se convierte en el elemento clave para incrementar la participación de proveedores de frutas y verduras en los mercados internacionales. Dentro de los principales productos que México exporta, se ha mencionado al aguacate; en 2011 la comercialización de éste en el exterior generó un ingreso de 989.7 millones de dólares, lo que representa un incremento del 47.1 por ciento, en relación con el año anterior. (ProMéxico, 2013). El estado de Michoacán es considerado como el principal productor y exportador mundial de este fruto, al aportar más del 89% de la producción nacional.

Figura 6: Distribución de los productos agropecuarios mexicanos de exportación (ciclo 2012).
Fuente: ProMéxico, 2013

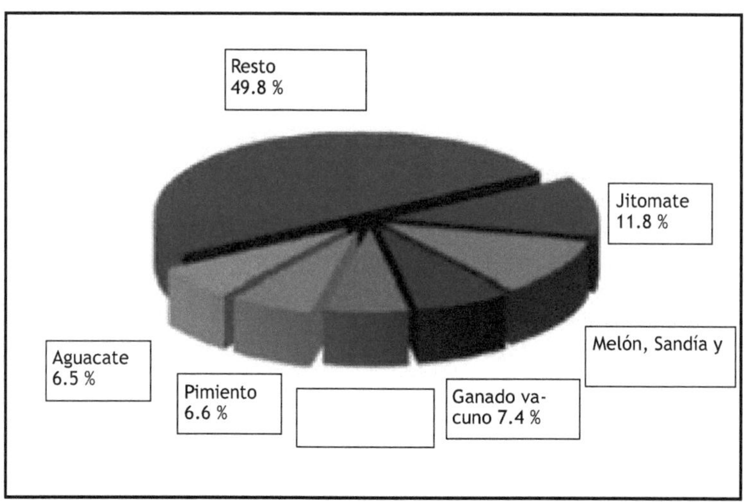

La figura 6 muestra los 6 principales productos agropecuarios de importación, que en conjunto llegan al 50 % de nuestras exportaciones en el sector; desde luego en la mitad restante hay productos de gran importancia, como limón, mango, guayaba, plátano y otros. Vale la pena señalar cuánto se aprecian las variedades orgánicas de estos productos, en especial jitomate, café, aguacate y frutas tropicales.

Para México tiene gran importancia comercial el jitomate; en 2011 este fruto ubicó su valor en 2,126 millones de dólares, un aumento del 9.3% en relación a 2010. Las entidades federativas en las que se encuentran los principales proveedores especializados en la producción de jitomate, son: Sinaloa con más de 22%; Baja California con el 17%; Jalisco 7% y San Luis Potosí 5%. En este contexto y en apoyo a la promoción de las exportaciones mexicanas, ProMéxico con su herramienta Hecho en México B2B logra que converja la oferta mexicana con la demanda en el extranjero, brindando a los productores y proveedores de frutas y verduras, así como a empresas de diversos rubros y otros sectores exportadores, una oportunidad de incrementar sus presencia y la de sus productos en otros mercados, obtener nuevos clientes y contactos con lo que se fortalece la representación de México en el mundo. (ProMéxico, 2013).

16.-CULTIVO ORGANICO EN INVERNADERO

El reporte de la conferencia de la UNCTAD *(United Nations Conference on Trade and Devlopment)* (UNCTAD, 2013) tiene un título más que sugerente: "Despertar antes de que sea demasiado tarde". El documento final de 341 páginas, resultante de esta conferencia, indica que se requieren cambios muy importantes en nuestra alimentación, agricultura y sistemas comerciales. Especifica que el sentido de este cambio debe dirigirse el consumo de productos locales y producidos en pequeña escala.

Una de las grandes ventajas de la producción en pequeña escala, especialmente si es para autoconsumo sea doméstico o comercial (de restaurante), es que no requiere ni tanto trabajo arduo, ni tantos agroquímicos, ni una productividad enorme que justifique lo anterior.

Por todo ello y en aras de los objetivos del trabajo, se hizo también una investigación sobre métodos de cultivo de pequeña escala, adaptables al entorno urbano y manteniendo como prioridad, la producción orgánica.

Los sistemas de producción en invernadero varían en cuanto a variedades de sustratos de crecimiento, densidad, fecha de siembra, dosis de nutrientes, y técnicas de control de plagas y enfermedades, entre otros factores.

Dodson et al. (2002) menciona que la diferencia entre la producción en invernadero de tomate convencional con respecto a la orgánica, difiere en el tipo de sustrato, las prácticas de fertilización y el método de control fitosanitario.

Cabe señalar que la producción en invernadero elimina algunos de los problemas de la agricultura orgánica, ya que se garantizan frutos durante todo el año, se evitan factores ambientales adversos y sobre todo, el espacio relativamente reducido, muy bien delimitado y la utilización muy controlada de nutrientes y otros insumos, disminuyen los riesgos e incrementan la productividad, lo que finalmente aumenta las ganancias con relación a la pro-

ducción en campo, sin necesidad de agroquímicos contaminantes y/o peligrosos, asegurando así la calidad de PO (Márquez-Hernández et al, 2008).
Los consumidores están cada vez más interesados en el consumo de alimentos inocuos, en especial los que se consumen en fresco, como son las hortalizas, prefiriendo aquellos libres de agroquímicos y con alto valor nutricional, sin deterioro de la armonía con el medio ambiente (Márquez y Cano, 2008).
Una opción para la generación de estos alimentos, es la producción orgánica, sistema de producción agrícola en el cual no se utilizan fertilizantes, ni plaguicidas sintéticos (IFOAM, 2003; Márquez-Hernámdez et al., 2008). Debido a la aceptación de los productos orgánicos, la superficie destinada a su producción ha registrado, a nivel mundial, tasas de crecimiento de mayores de 25% anual (Harring et a., 2001).

17.- HIDROPONÍA E HIDROPONÍA ORGNÁNICA

Se denomina hidroponía al método utilizado para cultivar plantas usando soluciones minerales disueltas en el agua, en vez de "tierra" o suelo agrícola. La palabra hidroponía proviene del griego, hydro=agua y ponos=trabajo. Es una técnica de cultivo de plantas en agua que contiene nutrientes disueltos, sin el uso de suelo, ni tierra, ni humus (Pérez, 2014).
Las plantas cultivadas tienen sus raíces en un medio inerte y estéril, que no aporta nutrientes por si mismo, pero que permite que circule por las raíces de la planta la cantidad adecuada de aire, el agua y los nutrientes necesarios, que el agua lleva disueltos, para el desarrollo del vegetal. Las raíces de la planta reciben esta solución nutritiva equilibrada disuelta en agua con todos los elementos químicos esenciales para el desarrollo del vegetal.
Cuando esta técnica de agricultura se aplica en pequeña escala, es posible utilizar los recursos que las personas tienen a la mano, como materiales de desecho, espacios sin utilizar y tiempo libre (Pérez, 2014).
El cultivo hidropónico es especialmente indicado cuando no hay suelos con aptitudes agrícolas disponibles o en el caso de no contar con superficies amplias, como los habitantes de la ciudad, o de departamentos (Agroterra, 2013).
El formato que puede adoptar una huerta hidropónica Vertical en sistemas urbanos, es variable e incluye paredes o ventanas de departamentos o de restaurantes (Agroterra, 2013).
Finalmente, la revista Agriculture and Human Values publica en 2009 un interesante artículo de M. DuPuis y S. Gilleon, que considera que la producción orgánica (en pequeña escala) es algo que requiere e implica un compromiso cívico. El nivel de discusión del artículo va mucho más allá de esta frase, tal vez demasiado simplificada, pero que independientemente de los problemas de economía, del llamado de UNCTAD y otros factores, considero que es una reflexión digna de tomarse en cuenta para implementar una propuesta como la presente.

18.-LA INFLUENCIA DE LA LUNA EN LA SIEMBRA

La Luna es el único satélite natural de nuestro planeta, en tamaño tiene el quinto lugar en el Sistema Solar, pero es el satélite más grande en proporción al tamaño de su planeta. El gran volúmen dela Luna, hace que su gravedad sea determinante en las a mareas de nuestros océanos, pero también hay muchas otras cualidades que se le atribuye, como el ciclo menstrual de la mujer, el ánimo de las personas, la ira de los animales, bonanza en los cultivos y un sin fin esoterismos. Para cultivar la tierra hay que tener muy en cuenta el tipo de luna que hay.

Luna Nueva:

En esta fase lo mejor que puedes hacer para un resultado definitivo es preocuparte del entorno de tu cultivo vale decir:

- •Aplicar fertilizante.
- •Arar el suelo y abonar
- •Eliminar las malezas.
- •Quitar las hojas secas.
- • Siembra maíz, alubia y tomate.
- •Es una buena noche para sembrar durante la tarde:
- •Pasto (Mejor si es periodo de lluvias).
- • Árboles de Hoja redonda.

Recuerda que en Luna Nueva no es recomendable regar las plantas de Interior.

Luna Cuarto Creciente:

Esta fase también es ideal para limpiar, podar y abonar, si lo haces tus cultivos crecerán más rápido. También es recomendable:

- •Plantar flores.
- •Cultivar terrenos arenosos.

En esta fase es recomendable que no se rieguen las flores ya que se pueden marchitar.

Luna Cuarto Menguante:

- •Quita hojas marchitas.
- •Cuando la fase esté menguante aplica estiércol u otro abono.
- • Riega las plantas de Flor directo al tallo.
- •Riega las plantas de hoja verde en forma de lluvia.
- •Siembra todo tipo de verduras, salvo maíz, tomate y alubia.
- • Es un buen momento para realizar transplantes.

Luna Llena:

- •Es el mejor momento para regar.
- •Aplica fertilizantes.
- • Buena fase para transplantar las plantas in door.
- • Siembra betabel, zanahoria, rabano, cebolla, papas y raíces (también se puede hacer en cuarto menguante).

19.-METODOLOGÍA

Para llevar a cabo este trabajo se hizo una investigación bibliográfica cuidadosa, en cuanto a las fuentes, los autores y la lectura de las mismas. La primera parte de la investigación ha permitido integrar el marco teórico y conocer la situación y estado actual de la AO en México y en el mundo.

Sin embargo, una de las grandes interrogantes planteadas al inicio de este trabajo se refiere a la certeza de los atributos que se consideran distintivos de los PO. En esta parte de la investigación se consultaron fuentes aún más especializadas, tales como:
Food Additives & Contaminants
Journal of Agricultural and Food Chemistry
Ciencias Agrícolas Informa
Páginas de FAO sobre: Producción Agrícola sostenible, contenido nutricio de los alimentos, residuos de plaguicidas y otros contaminantes.
También se consultaron diversas páginas de asociaciones de productores y consumidores y documentos legislativos de diversos países, entre otros.
Con la literatura revisada y seleccionando únicamente las referencias con fundamentos científicos, determinaciones analíticas realizadas por métodos oficiales y controles adecuados, se construyeron dos tablas: una para contenido de nutrientes y componentes funcionales en alimentos de cultivo convencional vs. Alimentos Orgánicos y otra para comparar, en ambos tipos de vegetales, el contenido de plaguicidas y de otros contaminantes peligrosos para la salud, como los metales pesados.
Finalmente, después del análisis del Marco Teórico, de las opciones de cultivo orgánico y de los atributos comprobados sobre PO frente a productos convencionales, se generó una propuesta que pueda contribuir, al menos en parte, a favorecer y facilitar el consumo de vegetales orgánicos a nivel doméstico y de restaurante.

Se consideró que un muro verde hidropónico, orgánico es una buena alternativa y para ello, se se seleccionaron las yerbas y hortalizas más convenientes y fáciles de producir bajo este esquema, considerando que una vez que los interesados dominen la próducción de éstas y disfruten del consumo, seguramente habrán generado experiencia que les permita avanzar en el cultivo orgánico y urbano de otros productos.
También otra opción fue el cultivo orgánico en tierra, haciendo lo que se conoce como huertos urbanos, se hicieron pruebas de tierras, humus y comportas para comprobar que aportaran los nutrientes necesarios, con base en eso se hicieron cajones de madera, forrados con plástico de lago negro (calibre 800).Se diseñaron cajones para diferentes cultivos, en el cajón 1 se destino para lechugas y espinacas, el 2 para hierbas aromáticas, el 3 para pimientos y chiles habaneros, el 4 para tubérculos. después de varias pruebas y rotaciones de cultivos tuvimos hermosos productos llenos de color, aromas, sabor y textura. y una vez mas se comprobó que los alimentos orgánicos tienen mucho mas sabor y color.
Pudimos ver que las dos opciones tanto hidroponía como cultivos en tierra, son una gran opción para cultivos en casa, la ventaja de la hidroponía es que se puede hacer en lugares mas reducidos pero es un poco mas costoso ya que los nutrientes pueden llegar a ser de un precio elevado, pero se tendrán resultados mas rápidos y de mayor calidad . Los productos crecidos en tierra, son igual de buenos, pero lleva mas tiempo y menos inversión ya que todo es materia orgánica.

20.-RESULTADOS

Con base en los objetivos planteados para el trabajo, se tienen los siguientes resultados:

1. Se logró establecer con base en la literatura científica, qué atributos tienen los alimentos orgánicos. Cabe señalar que hay mucha información sobre contenido de nutrientes y de componentes funcionales, y que la mayoría de estos estudios se hicieron con controles adecuados y tratamiento estadístico de datos. Pero no sucede igual respecto a plaguicidas; en este caso, además de que hay pocos estudios, la mayoría se han hecho con pocas muestras y/o no son concluyentes.

A continuación se muestran los principales resultados sobre este objetivo:

Nótese que se agregaron las referencias, mismas que se encuentran detalladas en la bibliografía, para que el lector pueda consultarlas si desea y ampliar la información sobre este tema tan importante.

Fuente: Elaboración de autora a partir de las referencias mencionadas

Alimento	Nutriente o componente		Contenido en		Referencia
			Convencional	Orgánico	
Jitomate (Solanum lycopersicum) var. Felicia	Licopeno	mg/100g	3.8	4.2	Caris-Veyrat, 2004
	β-caroteno	mg/100g	0.92	1.31	
	Vitamina C	mg/100g	13.2	17.5	
Jitomate var. Izabella	Licopeno	mg/100g	3.2	3.6	
	β-caroteno	mg/100g	0.86	1.03	
	Vitamina C	mg/100g	9.6	16.2	
Jitomate var. Paola	Licopeno	mg/100g	3.4	4.1	
	β-caroteno	mg/100g	0.83	1.35	
	Vitamina C	mg/100g	13.7	12.5	
Puré de jitomate, mezcla de Felicia, Izabella y Paola, en partes iguales	Licopeno	mg/100g	NS P<0.05		
	β-caroteno	mg/100g	NS P<0.05		
	Vitamina C	mg/100g	22.5	39.95	
Jitomate Var. Daniella	Ác cafeico	µg/g	22.9	41.7	Vallverdú, 2012 *Peso fresco, comprados en mercado a lo
	Naringenina	µg/g	36.5	87.4	
	Rutina	µg/g	119.8	272.8	

	Polifenoles tot µg/g	306.1	597.9	largo de dos años.
Jitomate var. Burbank	Compuestos fenólicos totales mg/100g	NS P<0.05		Chassy, Bui et als, 2006 *Peso fresco, promedio de 3 años.
	Quercetina	2.64	3.42	
	Ác.ascórbico mg/100g	17.5	22.1	
Jitomate común (Lycopersicum esculentum)	Cu mg/100 g	NS P<0.05		De Souza, 2014
	Fe mg/100 g	NS P<0.05		
	K mg/100 g	470.88	502.56	
	Mg mg/100 g	8.16	11.04	
	Mn mg/100 g	1.24	1.75	
	Zn mg/100 g	2.086	1.88	

Alimento	Nutriente o componente	Contenido en		Referencia
		Convencional	Orgánico	
Manzana (Malus domestica) Golden delicious	Polifenoles tot. µg/g	NS P<0.05		Briviba, 2007
	Potencial antigenotóxico a 24 h postconsumo	NS P<0.05		
	β-caroteno mg/100g	8.5	29.5	
	capsantina mg/100g	75	151	
	Carotenoides totales mg/100g	183	323	

Alimento	Nutriente o componente	Contenido en		Referencia
		Convencional	Orgánico	
Pimientos (Capsicum annum) cvar. Almuden, rojos	Fe mg/100g	0.239	0.170	Pérez-López, 2007
	Zn mg/100g	0.170	0.135	
	Ca mg/100g	8.18	10.3	
	Minerales totales mg/100g	14.9	16.4	
Pimientos (Capsicum annum)	Proteína g/100 g	0.83	1.12	De Souza, 2014
	Extracto etéreo contiene vitaminas liposolubles) g/100 g	0.20	0.24	
	Fibra dietética g/100 g	0.82	2.73	
	Cu mg/100 g	0.66	0.45	
	Fe mg/100 g	4.14	1.83	
	K mg/100 g	185.8	262.2	
	Mg mg/100 g	6.2	7.76	
	Mn mg/100 g	1.67	0.69	
	Zn mg/100 g	0.45	1.23	
Lechuga (Lactuca sativa L.)	Cu mg/100 g	0.30	0.87	De Souza, 2014
	Fe mg/100 g	1.22	4.91	
	K mg/100 g	411.5	547.5	
	Mg mg/100 g	11.53	14.23	
	Mn mg/100 g	2.3	1.023	
	Zn mg/100 g	1.13	0.69	

Cebolla (Allium cepa L)	7 flavonoides diferentes	NS $P<0.05$	Soltoft, Nielsen, 2010 . *Cultivados por los investigadores a lo largo de dos años, en 3 zonas geográficas
Papas (Solanum tuberosum) y Zanahoria (Daucus carota)	3 compuestos fenólicos	NS $P<0.05$	

Aunque por el momento los resultados favorecen la calidad nutricia de los productos orgánicos, Maggio, DePascale y cols (2013) han encontrado que hay otras variables que se influyen de manera más directa en estos atributos.

Por ello consideran que la comprensión de estas interacciones entre factores del cultivo y procesos fisiológicos de los vegetales, nos permitirán mejorar y estandarizar la calidad y competitividad de los productos orgánicos; estos investigadores y otros grupos siguen trabajando intensamente sobre estas variables, en prestigiadas universidades y centros de investigación.

A continuación presentamos la tabla elaborada a partir de las referencias bibliográficas examinadas, sobre plaguicidas y contaminantes.

Como se ha mencionado, la literatura científica, experimental y bien estructurada, sobre este tema es mucho mas escasa y mucho menos concluyente. En muchos casos no se puede aplicar un tratamiento estadístico a los datos por la escasa cantidad de muestras y/o por la falta de controles negativos.

Tabla 3.COMPARACIÓN DE CONTAMINANTES EN ALIMENTOS TRADICIONALES vs. ORGÁNICOS

Alimento	Contaminante	Contenido en		Referencia
		Convencional	Orgánico	
Lechuga (Lactucca sativa)	Imidacloprid LMR: 2 mg/Kg, 2004	40 a 75 % de muestras con 0.06 a 1 µg/100g (max 19)	No se detectó	PAN (Pesticide Action Network North America), 2010
	DCPA Dimetil-2,3,5,6-tetracloro-tereftalato	0 a 31 % de muestras con 0 a 0.2 µg/100g (max 17)	No se detectó	

Lechuga (Lactucca sativa)	Plomo μg/100g	Media 11.5 y máx. 30 μg/100g	Media 2 y máx 4 μg/100g	Malmauret, 2013.
	Cadmio μg/100g	Media 2.1 y máx. 5.4 μg/100g	Media 1.4 y máx. 6.7μg/100g	
Lechuga (Lactucca sativa)	Plomo μg/100g	NS P<0.05		De Souza, 2014
	Cadmio μg/100g	NS P<0.05		
Jitomate (Solanum lycopersicum)	Endosulfan II LMR: 0.5 mg/Kg, 2003	17 a 18% de las muestras con 0.2 a 0.3 μg/100g (max 5.8)	No se detectó	PAN, 2010
Jitomate (Solanum lycopersicum)	Plomo μg/100g	NS P<0.05		De Souza, 2014
	Cadmio μg/100g	NS P<0.05		
	Niquel g/100g	NS P<0.05		
Manzana (Malus domes-tica)	Tiabendazol LMR: 3 mg/Kg, 2003	90 % de las muestras con 42.5 μg/100g (max 700)	20 % de las muestras con 0.004 μg/100g (max 0.02)	PAN, 2010
Pimientos (Capsicum annum)	Plomo μg/100g	NS P<0.05		De Souza, 2014
	Cadmio μg/100g	NS P<0.05		
	Niquel g/100g	0.54	0.23	

Conviene recordar que el problema de los plaguicidas –a diferencia de los problemas de composición nutricia– es mucho más complejo, ya que además de su mera presencia en el alimento y las consecuencias directas para el consumidor, deben tomarse en cuenta los siguientes factores (Ongley, 1997) :

- Persistencia, referida en términos de vida media en el ambiente, ya que todo plaguicida que haya estado en los alimentos puede mantenerse en diferentes componentes del ecosistema por tiempos variables durante los cuales sigue ejerciendo su efecto tóxico.

- Destino ambiental o "compartimento ambiental" en el cual finalmente quedan (materia sólida, materia mineral y carbono orgánico en partículas; líquido o aguas superficiales y del suelo; atmósfera y biota o seres vivos de todos tipos y tamaños.. Este comportamiento recibe con frecuencia el nombre de "compartimentación".
- Productos de la degradación, ya que algunos pueden ser incluso más tóxicos en el ambiente final, que el plaguicida original. Y finalmente
- Impurezas en la formulación del plaguicida, que no forman parte del ingrediente activo. Un ejemplo reciente es el caso del TFM, lampricida utilizado en los afluentes de los Grandes Lagos durante muchos años para combatir la lamprea de mar (también denominada vampiro. FAO (En Ongley, 1996) reporta que los productos de degradación del TFM incluyen impurezas muy potentes que influyen en el sistema hormonal de los peces y les provocan enfermedades hepáticas.

2. Respecto a los objetivos de establecer la confiabilidad de los productos comercializados como orgánicos y de analizar la información fundamentada, para valorar los atributos de los alimentos orgánicos que están confirmados y su relación valor-precio, se pueden reportar los siguientes resultados:
   - La calidad nutricia de los PO generalmente (pero no siempre) es mejor que la de los productos convencionales; esta diferencia es muy clara cuando se refiere a nutrientes y no tan contundente cuando se trata de componentes funcionales.
   - En el caso de la presencia o ausencia de plaguicidas y contaminantes tóxicos en alimentos orgánicos *vs.* alimentos convencionales aunque se han detectado algunas diferencias no ha sido posible concluir científicamente, si son significativas o no. Con mucha frecuencia, los plaguicidas y agrotóxicos también se encuentran en los PO, no solo en los convencionales.
   - Hacen falta muchos estudios de mayor alcance y rigor para esclarecer si estos atributos siempre están relacionados con la forma de cultivo y si ésta relación favorece al consumidor de PO.
   - La relación valor-precio puede justificarse en función de la calidad nutricia, no tanto en cuanto a plaguicidas y agrotóxicos. Para confiar en que los productos orgánicos realmente son obtenidos en esas condiciones, es necesario confirmar que cuenten con una certificación. Algunas personas mantienen reserva sobre la certificación y no

encontramos evidencia contundente sobre la confiabilidad o falta de esta, de la certificación. Las leyes y ordenamientos disponibles parecen ser suficientes y cubren los aspectos más importantes de la producción, comercialización y certificación. Pero la aplicación no se pudo evaluar y no es tan clara como quisiéramos.

3. Respecto al objetivo de identificar posibilidades de manejo de productos orgánicos en pequeña escala, para consumo en el hogar y restaurantes se puede reportar que, a partir de lo interesante que resultaron los resultados anteriores y de la información recabada para el marco teórico, se propone la siguiente metodología para generar un muro verde, hidropónico, para el cultivo de vegetales de fácil producción, para hogar y restaurantes. Se sugiere que la implementación de éste se considere un primer paso para inducir, desde la pequeña escala, algunos de los cambios que son más urgentes respecto a la economía, la alimentación y el compromiso cívico.Es por ello que se hace la siguiente:

21.-PROPUESTA DE INVERNADERO HIDROPÓNICO Y ORGÁNICO PARA CULTIVOS DE AUTOCONSUMO EN NIVELES DOMÉSTICO Y DE RESTAURANTE

La AO lleva a cabo prácticas de gestión específicas para los ambientes en los que se aplica y su principal beneficio es la sustentabilidad a largo plazo mediante el establecimiento de un equilibrio ecológico para proteger la fertilidad del suelo y evitar problemas de plagas (FAO, 2003).

En el campo de la salud humana se considera que el principal beneficio es que al no utilizar insumos agrícolas, no hay residuos de éstos en los PrO y hay algunos reportes que señalan mayor valor nutricio en los vegetales cultivado de manera orgánica. Por ejemplo, desde 2001, Worthington reporta "genuinas diferencias en el contenido nutricio de PrO frente a productos de cultivo convencional (PrC)", ya que hizo un importante estudio estadístico a partir de los datos publicados sobre composición nutricia, en productos agrícolas orgánicos y de cultivo convencional. Encontró mayor contenido de vitamina C, hierro y fósforo en PrO en tanto que encontró menos nitratos, en ambos casos con diferencias significativas. En el contenido proteico no hubo diferencias significativas, pero si las hay en el sentido de que los PrO tienen mayor contenido de minerales nutricionalmente importantes y tienen menos metales pesados, respecto a los PrC. En 2011, Lester y Saftner realizaron un estudio que puso especial atención a las variables (generalmente ignoradas) de cultivo, cosecha, postcosecha y almacenamiento de diversos vegetales obtenidos mediante AO y cultivo tradicional (CT) y reportaron que PrO tienen generalmente mayor contenido de materia seca, ácido ascórbico, fenoles y azúcar, en tanto que presentan menor contenido de humedad, nitratos y proteína, y generalmente, menor rendimiento; ellos consideran además que la tendencia actual de elaborar perfiles de nitrógeno es un enfoque que permitirá mejorar tanto la agricultura convencional como la orgánica.

Otro ejemplo lo ofrecen LP Koh & TM Lee. 2012. que estudiaron en espinacas de AO y CT, 17 flavonoides, ácido ascórbico, nitratos y oxalatos. Encontrando que en los PrO los contenidos de flavonoides y ácido cítrico son significativamente mayores respecto a las espinacas de CT (p <0.001); lo inverso sucede en nitratos y no encontraron diferencia significativa en el oxalato. También se han encontrado niveles mayores, estadísticamente significativos (P<0-05) de polifenoles bioactivos en tomates orgánicos, respecto a los de origen convencional Vallverdú y cols, 2014).

22.-LA AO EN PEQUEÑA ESCALA:

Aunque la baja productividad y disminución de rendimientos son algunos de los problemas de la AO, éste es un inconveniente de menor importancia frente a los beneficios para la salud y especialmente, cuando el cultivo es para autoconsumo. Y podemos decir que en el caso de las PyMES, la producción, aunque no sea altamente eficiente, es mucho más conveniente que la adquisición, al menos en algunos vegetales, y puede ofrecer valor agregado por los atributos nutricios y la consideración del ambiente. Si la producción es en el hogar, el ahorro es directo y puede invertirse en otras cosas, incluyendo la ampliación de la capacidad productiva para autoconsumo. Y en restaurante, esta producción "en la casa", orgánica, puede manejarse para fines mercadotécnicos.

Al buscar opciones de AO para pequeña escala, específicamente para áreas urbanas, se encontró que la AO surgió precisamente como alternativa agrícola y no consideraba ni la posibilidad de cultivo en zonas urbanas (ni verticales) ni mucho menos la hidroponía. Desde luego no son equivalentes y algunos piensan que por ser "alternativa" y moderna, la hidroponía no puede ser AO. El Dr. Mike Nichols (2007), retirado de *Massey University* y experto en hidroponía considera que la sustentabilidad es un aspecto indispensable de los proyectos productivos con futuro y señala también que cuando se cuidan los factores que pueden hacer de la hidroponía una actividad sustentable, amigable con el ambiente, puede considerarse más "orgánica" que los sistemas de AO certificados más estrictos. Nichols pone como ejemplo la recirculación del agua y nutrientes, que en el cultivo hidropónico, a diferencia de lo que sucede con cultivos en el suelo, sean AO, CT o de invernadero, no se pierden en el suelo. Se considera que si la hidroponía utiliza sustratos, nutrientes y sistemas de recirculación que puedan certificarse como orgánicos, el potencial para esta combinación es enorme. Y ambos coinciden en que algunas de las ventajas adicionales de la sinergia hidroponia y agricultura orgánica, serán mejor nutrición, mayor seguridad, protección al ambiente y mejores rendimientos que a su vez generen menores costos (Agriculturers, 2014).

De hecho la permacultura es otra vigorosa corriente para la producción de alimentos que no compromete el ambiente y que si ha considerado la producción en pequeños espacios urbanos (Permaculture Inst., 2014).

23.-LA HIDROPONÍA Y SUS CARACTERÍSTICAS

El cultivo hidropónico, por otro lado es el método utilizado para cultivar plantas usando soluciones minerales disueltas en el agua, en vez de "tierra" o suelo agrícola. Es una técnica de cultivo de plantas con nutrientes controlados, sin el uso de suelo, ni tierra, ni humus y con recirculación de agua. Las plantas cultivadas tienen sus raíces en un medio inerte y estéril, que no aporta nutrientes por sí mismo, pero que permite que circule por las raíces de la planta la cantidad adecuada de aire, el agua y los nutrientes necesarios para el desarrollo del vegetal. Esta técnica de agricultura es aplicable a nivel comercial en grandes invernaderos y también en pequeña escala y en tal caso, se utilizan recursos que las personas tienen a la mano, como espacios sin utilizar, materiales de desecho y tiempo libre. Una de las circunstancias que la hacen más necesaria son los espacios limitados, como los urbanos (Aagriculturers, 2014).

Un sistema hidropónico es eficiente en la entrega de nutrientes, agua y aire a las raíces de la planta. Esto tiene varias ventajas:

- Las raíces no necesitan mucho espacio para dispersarse en busca de agua y nutrientes. En lugar de crecer a lo largo y ancho, la red de raíces de una planta de cosecha hidropónica es denso y compacto, por ello una planta más grande se puede cultivar con un tamaño de maceta más pequeño que en las condiciones de cultivo en tierra.
- La tasa de crecimiento de una planta hidropónica es más alta que la tasa de la misma planta en el suelo.
- El sistema provee un balance ideal de aire, agua y nutrientes, humedad uniforme y excelente drenaje.
- Tiene más alto rendimiento por recurso económico, material o tiempo invertido.
- Se obtiene una mayor calidad del producto, por ser condiciones controladas.
- Por ello, también se observa mayor precocidad en los cultivos.
- Se pueden obtener varias cosechas al año y se logra uniformidad en los cultivos.
- Se requiere mucho menor cantidad de espacio para producir el mismo rendimiento.
- Y muy importante, se obtiene un gran ahorro en el consumo de agua (no se desperdicia, solo se usa lo que necesita la planta, más la evaporación).

Algunas de las especies que se han cultivado en muro verde hidropónico orgánico a partir de este trabajo, son:

1. coles
2. kale
3. espinaca
4. lechuga francesa
5. lechuga mantequilla
6. lechuga tropical
7. brócoli
8. pepino
9. hierbas aromáticas
10. jitomate cherry
11. fresas
12. calabaza

Los requerimientos para ello consisten en:

- Exposición solar mínima de 6 horas diarias
- Asegurar que no se produzcan sombras por edificios o árboles que reduzcan el tiempo de exposición al sol.

- Proteger el lugar de las condiciones climáticas adversas como lluvias intensas y vientos.
- Garantizar la disponibilidad y acceso fácil para el agua de riego.
- Protección con malla para plagas

En segundo lugar, el invernadero tendrá que estar provisto de corriente eléctrica para mantener adecuado control climático, riego, ventilación si es que se encuentra en un lugar de clima muy caliente o muy frío se deberá de ajustar el ambiente, si no es el caso no es necesario . También debe asegurarse, por el ambiente y zona geográfica o por calefacción y aire acondicionado, una temperatura media de 15 y 18 °C tanto en la parte de sustrato como en la aérea, y riego por micro aspersión o nebulizadores para contribuir a una mayor humedad ambiental. Para evitar la formación de sombras y asegurar insolación uniforme en la filas del cultivo se recomienda una orientación Norte-Sur; la mejor ventilación en los invernaderos se obtiene con una altura de 3.5 metros que permita una buena tasa de renovación del aire. Sin embargo, en pequeña escala, doméstica o de restaurante, puede ser más simple (abrir o cerrar ventanas o puertas, bajar una cortina, entre otros) controlar estos factores.

Material vegetal

En cultivos hidropónicos se pueden utilizar numerosas especies. En invernaderos el factor geográfico no es determinante ya que se pueden regular las condiciones climáticas y adaptarlas al cultivo que hayamos elegido (Agroterra, 2013).

En cuanto a hortalizas se suelen emplear numerosas familias, entre ellas cucurbitáceas, crucíferas, solanáceas, compuestas y se pueden realizar dos tipos de siembra:

1. Siembra directa: Como su propio nombre indica se realiza a través de la incorporación de las semillas en los sustratos. Estas especies son: melón, pepino, fresa, sandía, entre otras.
2. Por trasplante: Son plantas que necesitan un previo desarrollo en semilleros para su óptimo desarrollo al trasplantarse a los cultivos hidropónicos. Estas especies son perejil, apio, remolacha, espinaca, tomate, entre otras.

24.-SUSTRATO

Puede haber de dos tipos de cultivo, según la forma de vivir de la raíz (Agrounica, 2012):

Raíz en sustrato sólido: Dentro de éstos puede haber numerosos tipos de sustratos:

1. Orgánico: Son materiales biodegradables que con el paso del tiempo se descomponen como el carbón vegetal, fibra de coco, granza de arroz. ***Por este motivo no son convenientes emplearlos en cultivos que presentan una producción a largo plazo*** y debe realizarse un buen lavado, principalmente en la fibra de coco, porque las sales pueden alterar la conductividad eléctrica.

1.2 Inorgánico: Son materiales más sencillos de desinfectar pero con un manejo más complicado ya que según el material presenta diferentes distancias de siembra por la formación del bulbo húmedo y aportaciones de agua de riego y solución nutritiva. Los más empleados son la arcilla expandida, lana de roca y perlita.

2. **Raíz flotante**: En este sistema para el cultivo hidropónico no se emplea ningún sustrato sólido; se utiliza una solución nutritiva y tan sólo se sumergen las raíces de las plantas en ésta. Para el éxito del sistema de raíces flotantes, es muy importante calcular la cantidad de solución nutritiva en función del volumen del contenedor, y oxigenar a las raíces promedio de una bomba resirculadora.

25.-CONTENEDOR

Es el lugar donde se coloca el sustrato y se pueden emplear numerosos materiales, desde tubos de PVC (o frascos de desecho de PVC) hasta bolsas para el cultivo o si quiere ser mas sustentable con bambú No12. Se pueden utilizar por tanto materiales que se van a desechar y así favorecer al medio ambiente (Agrounica, 2012).

Cuando se elige y se adapta un contenedor, es muy importante cuidar que se facilite la revisión de las plantas para asegurar que estén libres de enfermedades y plagas; también debe tener la estructura y dimensiones que faciliten la limpieza y el manejo del cultivo en la aplicación de la solución nutritiva, así como la cosecha de los vegetales, en su momento. En vez de construirlo, se pueden comprar ya mesas de cultivo, apropiadamente diseñadas para facilitar esta tarea.

26.-SULUCION NUTRITIVA

Según el tipo de cultivo que se vaya a implementar y el estado de desarrollo en el que se encuentre (si se realiza por siembra directa o trasplante) se aplicará una solución madre u otra. En la solución nutritiva se debe hacer un aporte de 16 elementos esenciales para que el cultivo tenga un desarrollo adecuado pero los elementos en los que es primordial el cálculo son los macronutrientes (N, P, S, K, Ca, Mg). Para suministrar los micronutrientes, existen varios productos comerciales, listo para usar, (Agriculturers, 2014). como por ejemplo:

- Bio-bizz
- Flora nova
- Sunshine advance

27.-CONTROLES

En la instalación hidropónica ideal, se necesitan medidores en los goteros para controlar que la solución llegue correctamente al cultivo y que las características sean las adecuadas:

- Oxígeno disuelto: Entre 14 y 7 mg/L
- Conductividad eléctrica: Alrededor de 2.5 a 1.2 microsiemens/cm
- pH: entre 6.4 y 5.5.
- Temperatura: Alrededor de 18 °C

La frecuencia con la que se realicen los aportes de la solución nutritiva es un factor muy importante para el éxito del sistema, y se deben ajustar lo mejor posible a la demanda que presente el cultivo. En las instalaciones más modernas, comerciales o de pequeña escala, se utilizan programadores con sensor de humedad, para regular el riego. Los principiantes y las instalaciones relativamente pequeñas y más sencillas pueden ser controladas por un operador experimentado, que esté muy atento a la situación de cada planta. Por supuesto, la experiencia la adquiere quien acepta el reto de este tipo de cultivo y va aprendiendo mientras lo lleva a cabo, a partir de información ampliamente disponible en Internet, proporcionada por distribuidores, en libros, por otros interesados y, desde luego, por los errores propios y, a veces, ajenos (Molina, 2005).

28.-AGUA DE RIEGO

Como ya se sabe el agua de riego puede contener numerosas sales disueltas, entre ellas nitratos, que en algunos sistemas puede ser benéficos para el cultivo pero que, en ausencia de los procesos que se llevan a cabo en el suelo, pueden afectar la cantidad y calidad de la cosecha. Esto implica que es muy importante conocer la composición del agua de riego, para evitar efectos de cantidades excesivas de algún compuesto, sobre las plantas.

El aporte continuado de agua es fundamental ya que las plantas no pueden desarrollarse bien si les falta agua por más de unas horas (Agrounica, 2012).

29.-DRENAJES

El cultivo debe presentar una pendiente homogénea, alrededor del 0.3%, para que se puedan colectar los lixiviados (escurrimientos, resultado de la separación de componentes solubles e insolubles de una sustancia o mezclas compleja, mediante un disolvente adecuado) que se producen para controlar si raíces están absorbiendo adecuadamente los componentes y evitar que la mezcla subra cambios de pH y/o concentración elevada de sales (e insuficiente de algún nutriente) (Agrounica, 2012).

30.-SELECCION DE LA FORMA PARA EL CULTIVO DOMÉSTICO O EN RESTAURANTE DE UN MURO VERTICAL

El sistema "huerta vertical es compacto", modular y orientado verticalmente, por lo que es apropiado para los espacios urbanos que carecen de una superficie horizontal para cultivar algunos vegetales. Entre las huertas hidropónicas, las verticales pueden utilizarse en paredes, ventanas y otros espacios similares, frecuentemente disponibles en el hogar o en los restaurantes. Entre sus ventajas está un buen aprovechamiento de la luz solar de las ventanas, y un óptimo aprovechamiento del agua de riego, ya que el exceso por saturación de una planta no es descartado, sino que escurre a la planta del nivel inferior hasta llegar al fondo (desde donde se recircula) y permite el riego por goteo continuo, mediante una bomba de aire; esto mismo mantiene circulando los nutrientes entre las plantas, en forma permanente y evita cualquier desperdicio de agua. Favorece también la disponibilidad de productos todo el año, gracias a que el cultivo se puede instalar en áreas interiores o semiprotegidas y constituye, sin duda, un elemento ornamental muy estético en cualquier hogar o establecimiento, especialmente de alimentación (Molina, 2005).

Como ventaja adicional, una instalación de este tipo provee un entorno agradable y estético en el hogar, por sus características ornamentales, lo que redunda en una mejora en el equilibro y la armonía, creando por ende una mejor calidad de vida para el entorno urbano.

En la sugerencia de muro verde hidropónico orgánico, se han considerado también las temporadas, riego y drenaje, los cuidados, formas de reproducción, siembra y/o transplante, así como una guía de recomendaciones generales para el cuidado del muro verde. La hidroponía en forma vertical permite aprovechar espacios en altura para la instalación de pequeñas "huertas". De esa manera se puede utilizar por ejemplo, la luz solar de las ventanas, sin ocupar superficies habitables. A la vez, la disposición vertical permite aprovechar completamente el agua de riego, ya que el exceso por saturación de una planta no es descartado, sino que lo toma la planta del nivel inferior para su riego, y así hasta la planta final, cerrando el ciclo (Agrounica, 2012).

El riego es por goteo continuo, mediante una bomba de que además de airear la solución para distribuir oxígeno, eleva la columna de agua mediante la presión del mismo aire y mantiene circulando los nutrientes entre las plantas, en forma permanente. La solución en exceso va cayendo a las plantas siguientes y regresa al depósito de solución, para recircular.

Por supuesto, el acomodo del muro vertical puede variar según tamaño, necesidades, presupuesto y materiales disponibles. Pero por eso mismo, hay gran flexibilidad para hacerlo. La figura 7 muestra el esquema básico de un muro vertical hidropónico. Se requiere, desde luego, un soporte en donde colocar los contenedores y las plantas. Además de ello, se utiliza un recipiente de tamaño suficiente para albergar la solución nutritiva; en el caso de hogar y restaurante, garrafas de 10 a 20 L deben ser suficientes. La salida de una bomba de aire (como de pecera) debe burbujear dentro de la solución nutritiva, cuyo contenedor sellado, tiene sólo una salida hacia el extremo superior del muro vertical, desde donde riega por goteo la solución nutritiva. Gracias al diseño y colocación de los contenedores, la solución escurre a las plantas de los siguientes niveles; puede ser directamente o conducida a través de tubos.

Figura 7. Esquema del muro vertical hidropónico
Fuente: Agrounica. 2012.

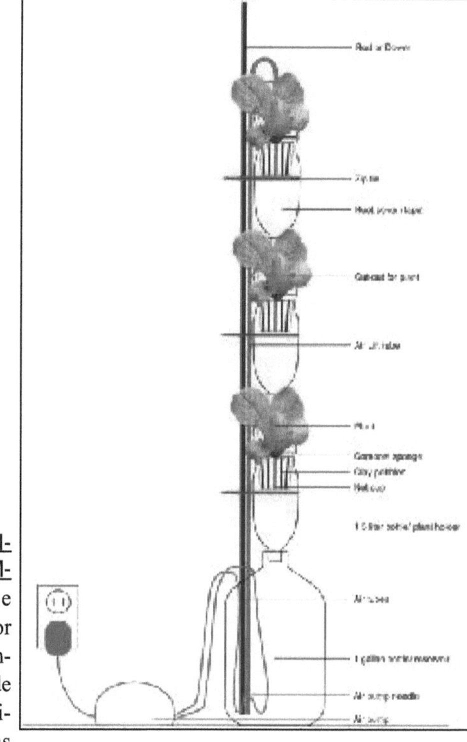

31.-CULTIVOS SUGERIDOS PARA EMPEZAR

Chile: Este cultivo es fácil de obtener tanto por siembra directa como por transplante. Las plántulas nacen en un lapso de 15 a 21 días, en función de la estabilidad de las condiciones recomendadas de temperatura y humedad.

Si se trata de trasplante, debe hacerse cuando la plántulas miden de 10 a 20 cm de altura y su tallo es de 5 a 7 mm de grosor, lo cual es aproximadamente entre los 30 y 50 días después de la siembra. A los 15 – 18 días después del trasplante se hará el tutoreo, para ayudar al crecimiento. Consiste en ayudar a las plantas que lo requieren (chile, jitomate, vid, pepino) a que sus tallos crezcan derechos y faciliten la cosecha. Se puede hacer con estacas, estructuras piramidales semiabiertas o con rafia agrícola enrollada suavemente alrededor del tallo y tensada mediante una guía o un anillo especial. La cosecha se da aproximadamente a los

60- 70 días después del trasplante, cuando los chiles han alcanzado buen tamaño, firmeza, colores vivos y paredes gruesas.

Jitomate: El cultivo del jitomate es de origen mesoamericano; es la hortaliza más difundida en todo el mundo y la de mayor valor económico. Fue uno de los primeros cultivos producidos por el método hidropónico. Hay diversas variedades que hacen cambiar ligeramente los requerimientos; por ejemplo las variedades pequeñas se pueden tutorear sólo con estacas, en tanto que los medianos y grandes si requieren estructuras que soporten el peso del fruto. Se recomienda sembrarlo a partir de semillas de la variedad que se prefiera.
La germinación se presenta entre 12 y 15 días después de la siembra, siendo esto una constante en la mayoría de las variedades de ésta semilla. El trasplante se lleva a cabo a los 30 o 40 días de la siembra y se pueden tener hasta 9 plantas por metro cuadrado.
Como se ha mencionado, el tutorado es importante. Los chupones o axilas son ramificaciones de la planta, que compiten por nutrientes y luz; y si dejamos que estos crezcan se demerita el crecimiento de toda tus planta y por lo tanto de sus frutos; se deben podar unos 5 o 6 días después de la instalación del tutoreo. También se deben de eliminar hojas cloróticas o amarillentas, que presentes daños en tonalidades pardas, necrosis o coloración negra provocada por muerte celular o algún hongo. Al eliminar este tipo de hojas, se estimulan el desarrollo vegetativo y la ventilación y se eliminan posibles infecciones por bacterias y virus que pudieran contaminar las plantas.
Como a los 90 días del trasplante, se podan las flores, reduciendo su número a 2 o 3 por tallo, para que el esfuerzo productivo del vegetal se concentre en éstas y el fruto sea más sano y más fuerte.
La cosecha se inicia como a los 4 meses desde la siembra y dura aproximadamente 30 días, en los cuales se deben de cortar los frutos de mejor tamaño, coloración y firmeza; se pueden obtener hasta 10 kilos por metro cuadrado (9 plantas de jitomate criollo hidropónico); y con un buen cuidado se logran hasta 3 cosechas por año.

Albahaca: Se cultiva muy fácilmente a partir de las semillas; se pueden germinar en pequeña escala y luego trasplantar, o directamente comprar plántulas y hacer el trasplante. Para trasplantar a solución hidropónica, pueden sostenerse las raíces bien limpias en una malla de tela sintética y colocarlas en la solución nutritiva. Para trasplantar a soporte, se procede igual que en los demás casos. La albahaca requiere luz solar directa o del sur a través de una ventana; recuerde que es originaria de la India. Puede crecer bien en interiores u otros ambientes si tiene suficiente luz (artificial o fluorescente). Como no se usa en grandes cantidades, se pueden podar las hojas necesarias continuamente y siempre tener albahaca disponible. Por cierto, es una de las yerbas en las que las propiedades sensoriales son mucho mejores en el producto fresco que en el seco.

Tomillo: Esta extraordinaria planta aromática crece muy bien desde semillas o por trasplante. Las semillas germinan entre 7 y 14 días; las plántulas son muy sensibles a luz de sol directa, lluvia y viento; por ello, el cultivo en muros verdes facilita su cuidado. Para trasplantar se usan plántulas de 8 a 10 cm de altura; requiere que se cuide el ambiente húmedo pero sin que los tallos o cuellos vayan a pudrirse por el exceso de agua.
Cuando alcanza su pleno desarrollo y aroma, es en mayo y en noviembre (lo que puede variar un poco por el clima). Las plantas se cortan a 2 o 3 cm del suelo, para favorecer que broten de nuevo y se pueda hacer otro corte en el año. Es muy conveniente cosechar en días secos, cuando no haya rocío; se limpian y se colocan pronto en un lugar bien ventilado, para que se sequen. Una vez secos, se pueden separar hojas y tallos para diferentes usos y de esta manera se pueden guardar en frascos para facilitar su uso durante todo el año.

Lechugas: Las lechugas pueden plantarse con 30 cm de separación, lo que permite tener de 10 a 12 plantas por metro cuadrado; son una excelente opción para hacer rotación de cultivos. A partir de la siembra, las hojas aparecen en 3 a 4 semanas y las rosetas se forman en 12 a 14 semanas. El crecimiento final requiere 2 a 3 semanas más, generando ciclos de 65 a 70 días.

Acelga: Las acelgas al igual que las lechugas son fáciles de cultivar ya que son de climas fríos a templados, y resisten a las heladas. Sólo cuando no se controla y la temperatura se detiene el crecimiento y se estresa la planta, generando un amargor en las hojas. Las acelgas tienen un tiempo de germinación de entre 10 y 20 días después de la siembra, a los 30 días después de la siembra se deben trasplantar al muro vertical. El primer corte se realizara entre los 55 -60 días después de la siembra, después del primer corte se pueden cortar hojas de 25 a 30 cm de largo, cada 12 a 15 días. Se pueden cosechar hasta 6 hojas por planta haciendo el corte de las mismas a 2 cm sobre el sustrato, lo cual es cómodo para consumo en pequeña escala ya que es fácil tener 10 a 12 plantas por m^2.
Como puede verse, las posibilidades de cultivo hidropónico en pequeña escala son amplias y el trabajo es relativamente fácil de llevar a cabo. Para los restaurantes, la producción orgánica e hidropónica, en muro vertical, de brotes y de *microgreens* puede ser muy interesante y una buena solución en el suministro de estos finos y elegantes ingredientes de los platillos contemporáneos.
Por otro lado, la información, cursos y material didáctico y técnico, así como los insumos para la instalación y mantenimiento de la hidroponia, se encuentran fácilmente hoy en día y constituyen una buena ayuda para los interesados. ¡Anímense y disfruten de estos productos seguros, en todo su valor nutricio y sensorial!

32.-CONCLUSIONES Y RECOMENDACIONES

Se considera que la información obtenida de los beneficios específicos, demostrados científicamente de los productos orgánicos si permiten informar mejor al consumidor. Puesto que de momento esta información es incompleta, se recomienda estar atentos a las confirmaciones que la ciencia pueda hacer, para normar el criterio sobre la importancia del origen orgánico de diversos productos y sobre lo aceptable de los precios.
Se encontraron varios productos agrícolas con especial valor agregado por el cultivo orgánico y se elaboró una propuesta para un muro verde, fundamentada en principios de AO, de hidroponía y de permacultura, que permite cultivarlos para autoconsumo en casa o pequeño o mediano negocio de alimentos preparados.
Y, desde luego, se considera que dicha propuesta del muro verde hidropónico, orgánico es una opción para producir algunos de estos productos, al menos en pequeña escala, para contar con los beneficios de que sean orgánicos, de un manejo higiénico y seguro, y un ahorro en la alimentación saludable. Además de que el muro verde es un bello elemento ornamental en restaurantes y en el hogar.
Finalmente, se recomienda continuar con la investigación científica sobre los atributos de los productos orgánicos que hasta ahora, es limitada. Y también se requiere seguir trabajando en la propuesta, para aplicarla a otros productos y a otra escala, ya que realmente constituye una buena opción para alimentación más económica, segura y sensorialmente muy agradable.

33.-REFERENCIAS

- Agriculturers. 2014. Requerimientos para un Cultivo Hidropónico. Tu Agroreportaje, Octubre de 2014. Red de Especialistas en Agricultura. Disponible a través de Internet en: http://agriculturers.com/requerimientos-para-un-cultivo-hidroponico/
- Agroterra. 2013-04-09. Requerimientos para un cultivo hidropónico orgánico. Agroterra, The Leading AgriMarket Place. Disponible a través de Internet en: http://www.agroterra.com/blog/descubrir/requerimientos-para-un-cultivo-hidroponico/77945/
- Agrounica. 2012. Proyecto de hidroponía Vertical. Agrounica, Comunidad de Agronomía. (2012/08). Disponible a través de Internet en: http://www.agrounica.com/2012/08/proyecto-hidroponia-vertical-agrounica.html
- Alatorre, G. Propuestas de la Asociación Mexicana de Agricultores Ecológicos -AMAE- para la construcción de la agricultura sustentable, Asociación Mexicana de Agricultores Ecológicos. 1994. Disponible a través de Internet en: http://base.d-p-h.info/es/fiches/premierdph/fiche-premierdph-961.html
- Albert A. L. Curso básico de Toxicología Ambiental, Limusa, México.1995.
- Alonso, R. Producción Orgánica: México. El Universal, 2 diciembre de 2008. Disponible a través de Internet en: http://organicsa.net/piden-aumentar-la-produccion-de-alimentos-organicos-en-mexico.html
- Altieri, M.A. Agroecología, Conocimiento tradicional y desarrollo rural sustentable. En: Cultura y manejo sustentable de los recursos naturales. Vol. II. Editorial PNUMA. México, D.F. 1993, pp 671- 672

- AMAE, 1995. Manejo de plagas en la agricultura urbana. Dr. Emilio Fernández, Ing. Blanca Bernal, Dr. Luis Vázquez. a través de internet: http://www.aguascalientes.gob.mx/CODAGEA/produce/AGRIURBA.ht
- Ambientum. 10 Buenas razones para consumir Productos Ecológicos. Enero 2007, Revista Ambientum. El portal Profesional del medio ambiente. Disponible a través de Internet en: http://www.ambientum.com/revistanueva/2007-01/dsostenible/productos_ecologicos.asp.
- Baudo Gatica, A. y L. Farina. 2012. Los alimentos orgánicos mejoran las funciones cerebrales. Asociación Vida Sana, The Ecologist. (31 mayo del 2012). Disponible a través de Internet en: http://vidasana.org/noticias-vida-sana/argentina-los-alimentos-organicos-mejoran-las-funciones-cerebrales.html
- Berlijn, J. Preparación de Tierras Agrícolas. Editorial Trillas. México, D.F. 1983. pp:5-21.
- Buol,S.W., Hole,F.D., Mc Cracken, R.J. 1981. Génesis y clasificación de suelos. Trillas, México, D.F.
- Cámara de Diputados del H. Congreso de la Unión, Secretaría General. Secretaria de Servicios Parlamentarios, Ley de Productos Orgánicos, CNPO, SAGARPA, 2005.
- Carbonaro, M., M. Mattera, S. Nicoli, P. Bergamo y M. Cappelloni. 2002. Modulation of Antioxidan Compounds in Organic vs. Conventional Fruit (Peach, Prunus persica L. and Pear, Pyrus communis L.) J. of Agric. And Food Chem. 2002,50:5458-5462.
- Caris-Veyrat, M.J. Amiot, V. Tyssandier, D. Grasselly, M. Buret, M. Mikolajczad, J.C. Gulland, C. Bouteloup-Demange & P. Borel. 2004. Influence of Organic vx. Conventional Agricultural Practice on the Antioxidant Microconstituent Content of Tomatoes and Derive Purees; Consequences on Antioxidant Plasma Status in Humans. J. of Agric. And Food Chem. 2004, 52:6503-6509.
- Cecader (Centro de Calidad para el Desarrollo Rural). Agricultura Alternativa. Experiencias Relevantes en la Prestación de Servicios para el Desarrollo Rural. Ventana Agropecuaria. Año 2, Boletín No. 38. 22-01, 2008. Disponible a través de Internet en: http://www.cecader.gob.mx/boletin/b38/resenas/resena1.htm
- Chassy, A.W., L. Bui, E.N. Renaud, M. Van Horn & A.E. Mitchell. 2006. Three-Year Comparison of the Content of Antioxidant Microconstituents and Serveral Quality Characteristics in Organic and Conventionally Managed Tomatoes and Bell Peppers. J. Agric. Food Chem. 2006, 54:8244-8252.
- Codex Alimentarius. Organically Produced Food. Joint FAO/WHO Food Standards Programme. CODEX ALIMENTARIUS COMMISSION. Roma, 2001. Disponible a través de Internet en: http://www.fao.org/3/contents/cf91199a-7359-5ce1-9c44-4bab3be24f20/y2772e00.htm
- Cruz Santos, Oscar, 1994, tópicos selectos de la producción agrícola actual. La agricultura orgánica como una alternativa para la agricultura sustentable. Perfil Ambiental del Uruguay. Domínguez, A. y R.G. Prieto (coords). Monte-

video: NORDAN, 2000. Disponible a través de Internet en: http://es.scribd.-com/doc/2628400/Agricultura-organica-una-alternativa-posible

- Delgado Gómez, 2006. Manual del Ingeniero de Alimentos, Grupo Latino. Bogotá.
- Desarrolo sostenible. 10 buenas razones para consumir productos Ecológicos. Enero 2007, Revista Ambientum Disponible a través de Internet en: http://www.ambientum.com/revistanueva/2007-01/dsostenible/productos_ecologicos.asp.
- Dodson, J. The Truth About Environmental Policies. En: Gillman and Heberlig. How the Government Got in Your Backyard. Timber Press, USA. 2010.
- Dr. Mike Nichols (2007). Art.Why not hydroponics?, University teacher from Massey University and a regular contributor to Practical Hydroponics & Greenhouses magazine.Ho, L C (2004) – The contribution of plant physiology in glasshouse tomato soilless culture. Acta Hort. 648, 19-25.
- DuPuis, E.M. & S. Gillon. 2009. Alternative modes of governance: organic as civic engagement. Agric. Human Values. 2009, 26:43-56.
- ECAMEX, 1996. Instituto nacional de investigaciones forestales, agricolas y pecuarias, Patronato para la investigación agropecuaria del estado de México . Instituto de investigación y capacitación agropecuaria, acuciosa y forstal del Estado de México. Disponible a través de internet : http://biblioteca.inifap.gob.mx:8080/jspui/bitstream/handle/123456789/2767/59.pdf?sequence=1
- ECOAgricultor. 2012. Principios y beneficios de la agricultura orgánica. Revista ECOAgricultor (AJE). Disponible a través de Internet en: http://www.ecoagricultor.com/principios-y-beneficios-de-la-agricultura-organica/
- FAO. Producción Agrícola Sostenible:Consecuencias para la Investigación Agraria Internacional. EstudioFAO Investigación y Tecnología 4. Comité Asesor Técnico. Roma, 1991.
- FAO, WHO. 2013. Pesticides Residues in Food and Feed. Codex Alimentarius. Codex Pesticides Residues in Food Online Database Disponible a través de Internet en: http://www.codexalimentarius.net/pestres/data/pesticides/details.html?id=65
- Farina, L y A. Gatica Baudo. Los alimentos orgánicos mejoran las funciones cerebrales. Asociación Vida Sana, revista en línea. 31 mayo del 2012. Disponible a través de Internet en: http://vidasana.org/noticias-vidasana/argentina-los-alimentos-organicos-mejoran-las-funciones-cerebrales.html.
- Gómez Cruz, M.A. Talleres nacionales para el fortalecimiento y desarrollo de capacidades del Sector Orgánico y su sistema de control. Reporte de Investigación. Fondo SAGARPA-CONACYT Y CIESTAM, Chapingo, México. 2009. Disponible a través de Internet en: http://vinculando.org/author/magomezcruz/page/2/
- Gómez Cruz, M.A., R. Schwentesius Rindermann y L.Gómez Tovar. Agricultura orgánica de México: situación, retos y tendencias. Revista Vinculando. 2007. Disponible a través de Internet en: http://vinculando.org/organicos/di-

rectorio_de_agricultores_organicos_en_mexico/agricultura_organica_de_-mexico_situacion_retos_tendencias.html

- Gómez, D. y M. Vázquez (editores). Manejo de Plagas. Redi-AO (Red Interactiva de Agricultura Orgánica). Serie: Manejo de Hortlizas de Clima Templado. Honduras. 2011. Disponible a través de Internet en: www.pyme-rural.org/plagas/plagas-15-03-2012.pdf
- González, A.A. y R. Nigh. ¿Quién dice que es orgánico? La certificación y la participación de los pequeños propietarios en el mercado global (México). Gaceta Ecológica, Instituto Nacional de Ecología. 2007, 77:19-33. Disponible a través de Internet en: http://www2.inecc.gob.mx/publicaciones/gacetas/471/nigh.html#top
- Häring, A. M.; Dabbert, S.; Offermann, F. and Nieberg, H. Benefits of Organic Farming for Society. In: Proceedings of the European Conference – Organic Food and Farming, The Danish Ministry of Food, Agriculture and Fisheries. Denmark. 2001.
- Harwood, R.R. A History of Sustainable Agriculture, in: Sustainable Agricultural Systems (Editors: C.A. Edwards, Rattan Lal, P. Madden, R.H. Miller, and G. House). CRC Press, 1990. Florida. 1990.
- HydroEnvironment. Guía para el cultivo del chile hidropónico. HydroEnvironment. México. 2014. Disponible a través de Internet en: http://www.hydroenv.com.mx/catalogo/index.php?main_page=page&id=53
- HydroEnvironment. Guía para el cultivo del Jitomate Hidropónico. Cronograma para el cultivo del jitomate hidropónico. HydroEnvironment. México. 2014. Disponibles a través de Internet en: http://www.hydroenv.com.mx/catalogo/index.php?main_page=page&id=49&chapter=4
- HydroEnvironment. Guía para el cultivo de lechuga hidropónica (Lactuca sativa L.). HydroEnvironment. México. 2014. Disponible a través de Internet en: http://www.hydroenv.com.mx/catalogo/index.php?main_page=page&id=52
- HydroEnvironment. Técnicas Hidropónicas. HydroEnvironment. México. 2014. Disponible a través de Internet en: http://www.hydroenv.com.mx/catalogo/index.php?main_page=page&id=30
- ICAMEX. Investigación y Capacitación Agropecuaria. ¿Quiénes somos? 2011. Gobierno del Estado de México, Secretaría de Desarrollo Agropecuario. Instituto de Investigación y Capacitación Agropecuaria, Acuícola y Forestal del Estado de México. Disponible a través de Internet en: http://portal2.edomex.gob.mx/icamex/acerca_instituto/index.htm
- ICAMEX. ICAMEX impulsa el Desarrollo de Cultivos orgánicos. Poder Edomex. Estado de México/Comunidad. Vie 14 agosto de 2009. Disponible a través de Internet en: http://poderedomex.com/notas.asp?id=47715

- IFOAM (International Federation of Organic Agriculture Movements). Definition of organic agriculture. 2007. Disponible a través de Internet en: http://www.ifoam.org/growing_organic/definitions/doa/index.html
- IFOAM (International Federation of Organic Agriculture Movements). Principles of organic agriculture. 2005. Disponible a través de Internet en: http://www.ifoam.org/about_ifoam/principles/index.html
- Infojardin. Humus y el abono orgánico. Boletín Informativo de InfoJardín. 2014 . Disponible a través de Internet en: http://articulos.infojardin.com/jardin/suelo-abono-organico-humus.htm
- Jeavons, J. Cultivo biointensivo de alimentos. Más alimentos en menos espacio,(Trad. G.Alatorre Frenk). Ecology Action, México, D.F. 1991.
- Kimani, M., T.Little, J.G.M. Vos. Introduction to Coffee Management through Discovery Learning. CABI Bioscience. 2002. Disponible a través de AgriFood Gateway. Horticulture International en: http://hortintl.cals.ncsu.edu/ .
- Lester y Saftner, 2011. The Nature Conservancy magazine. disponible a travel de internet: http://www.nature.org/science-in-action/our-scientists/keep-up-with-our-scientists.xml
- Maggio, A., S. De Pascale, R. Paradiso y G. Barbieri. 2013. Quality and nutritional value of vegetables from organic and conventional farming. Scientia Horticulturae. 164:532-539.
- Malmauret, L., D. Parent-Massin, J.L.Hardy & P. Verger. 2002. Contaminants in organic and conventional foodstuffs in France. Food Additives & Contaminants. 19, 6:524-532. Disponible a través de RedUNAM en: http://dx.doi.org/10.1080/02652030210123878
- Márquez-Hernández, C., P. Cano-Ríos y N. Rodríguez-Dimas. 2008. Uso de sustratos orgánicos para la producción de tomate en invernadero. Agricultura Técnica de México, 34(01):69-74. Instituto Nacional de Investigaciones Forestales, Agrícolas y Pecuarias. Texcoco, Mex.
- Matínez Farías, M.A. 2004. Investigación y Ciencia en Agricultura Alternativa. Revista de CLADES (Centro Latinoamericano de Desarrollo Sustentable) No. 14, 2004.
- Mejía Gutiérrez, M. 54. La Agricultura Alternativa. En: Colombia Pacífico, tomo II. (P.Leyva, editor). Bogotá: Fondo para la Protección del Medio Ambiente José Celestino Mutis. 1993. Disponible a través de Internet en: http://www.banrepcultural.org/blaavirtual/geografia/cpacifi2/indicecpacific2.htm
- Molina Holgado, P., A.B. Berrocal Menárguez y R. Mata Olmo. 2005. Guía de vegetación para ambientes urbanos. Empresa Municipal de Vivienda y Suelos (EMVS), Madrid. Disponible a través de Internet en: https://www.scribd.com/doc/124649752/35/Lista-de-especies-incluidas
- Morales Rosales, E.J., Soriano Ramos, O. Elaboración de una composta agrícola. Ciencias Agrícolas Informa, época 1, 5, julio – diciembre 1995. Facultad de Ciencias Agrícolas de la Universidad Autónoma del Estado de México, Toluca.
- Núñez , M.A. 2000. Manual de Técnicas Agroecológicas. Serie Manuales de Capacitación Ambiental. Programa de las Naciones Unidas para el Medio Ambiente. Red de Formación Ambiental para América Latina y el Caribe

- Ongley, E. 1997. Los plaguicidas como contaminantes del agua. Estudio FAO. Riego y Drenaje. Departamento de Desarrollo Sostenible. Canada Centre for Inland Waters, Ministerio del Medio Ambiente del Canadá, Disponible en línea en: http://www.fao.org/docrep/w2598s/w2598s06.htm
- PAN, 2010. Warning! Pesticides. Pesticide Action Network North America. Disponible a través de Internet en: http://www.whatsonmyfood.org/index.jsp
- Papadopoulos, A., N.R.A. Bird, A.P. Whitmore and S.J. Mooney. 2014. Does organic management leas to enhanced soil physical quality? Geoderma 2014, 213: 435-443.
- Pérez Samuel. Cultivos hidropónicos. Agricltura Urbana y permacultura (serie completa). 2014. GreenAro. Publicado en Scoop.it. Disponible a través de Internet en: http://www.scoop.it/t/cultivos-hidroponicos
- Permaculture Inst. 2014. Tag archives: homegrown meals. Permaculture Institue, New Mexico, USA. Disponible a través de Internet en: http://www.-permaculture.org/new-to-permaculture/
- Porta Casanellas, J., López-Acevedo Requerín, M., Roquero de Laboru, C. Edafología para la agricultura y el medio ambiente, Ediciones Mundi–Prensa, Madrid, 1994.
- Principios y beneficios de la agricultura orgánica, Boletín ECO agricultor, 21 de mayo de 2013. Disponible a través de Internet en: http://www.ecoagricultor.com/principios-y-beneficios-de-la-agricultura-organica/
- ProMéxico. ¿A qué países venden sus productos los exportadores de frutas y verduras mexicanos? Secretaría de Economía. 2013. Disponible a través de Internet en: http://www.promexico.gob.mx/work/models/promexico/promx_New/3090/enFileAttach_3090_MexicanAgroindustry2013_IndustriaAgroalimentariadeMexico2013.pdf
- ProMéxico. Mexican AgroIndustry. Feeding the World. Secretaría de Economía. 2013. Disponible a través de Internet en:
- ProMéxico, Inversion y Comercio, Hecho en México – B2B, 2013.
- Ramón, V.A. y F. Rodas. 2007. El Control orgánico de plagas y enfermedades de los cultivos y la fetilización natural del suelo. Guía práctica para los campesinos en el bosque seco. Naturaleza & Cultura Internacional. DarwinNet. Disponible a través de Internet en: http://www.redmujeres.org/biblioteca%20digital/control_organico_fertilizacion_suelo.pdf
- Rioch, S. Composta biointensiva, Mini- serie de auto-enseñanza No.23, (Trad. O. Martínez Vázquez). Ecopol. México, D.F. 1994.
- Ruíz Figueroa, J.F. En: Alternativas para el campo mexicano,Tomo II. Editorial Fontamara. México,D.F.,1993. Pp:152-182.
- Sánchez Gómez V.M. Esrategias para la comercializacion de café orgánico en el mercado europeo, Universidad Autónoma de Chapingo (UACH), México. 1998.
- Sánchez López, R. Certificación y comercializacion de productos orgánicos. En: Memorias de la Primera Conferencia Internacional IFOAM sobre café orgánico en Tapachula, Chiapas. AMAE-IFOAM-UACH. Editorial Futura. Texcoco. Estado de México, 1995, pp.40-45.

- SEMARNAT. Decreto por el que se expide la Ley Federal de Responsabilidad Ambiental y se reforman, adicionan y derogan diversas disposiciones de la Ley General del Equilibrio Ecológico y la Protección al Ambiente, de la Ley General de Vida Silvestre, de la Ley General para la Prevención y Gestión Integral de los Residuos, de la Ley General de Desarrollo Forestal Sustentable, de la Ley de Aguas Nacionales, del Código Penal Federal, de la Ley de Navegación y Comercio Marítimos y de la Ley General de Bienes Nacionales. Diario Oficial de la Federación. 7 de junio de 2013. México.
- Soltoft, M., J. Nielsen, K. Holst Laursen, S. Husted, U. Halekoh & P. Knuthsen. Effect of Organic and Conventional Growth Systems on the Content of Flavonoids in Onions and Phenolic Acids in Carrots and Potatoes. J. Agric. Chem. 2010, 58:10323-10339. DOI:10.1021/jf101091c.
- LP Koh & TM Lee. 2012. Sensible consumerism for environmental sustainability. Biol Conserv 151:3-6 DOI. disponible a traves de internet : tedglobal2012.
- Thompson L.M., Troeh, F.R. Los suelos y su fertilidad. (Trad. J. Puigdefábregas). Reverté. Barcelona, 1980.
- UNCTAD. 2013. Trade & Environment Review 2013. Wake up before it is too late. United Nations Publications. Suiza. Disponible a través de Internet en: www.unctad.org/en/PublicationsLibrary/ditcted2012d3_en.pdf
- Vallverdú, A., M. Martinez-Huélamo, I. Casals-Ribes y R.M. Lamuela-Raventós. 2014. Differences in the carotenoid profile of commercially available organic and conventional tomato-based products. Journal of Berry Research 4, 2014: 69–77. DOI:10.3233/JBR-140069.
- Vallverdú, A., O. Jauregui, A. Medina.Remón y R.M. Lamuela-Raventós. 2012. Evaluation of a Method to Characterize the Phenolic Profile of Organic ando Conventional Tomatoes. J. of Agric. And Food Chem. 2012, 60:3373-3380. Disponible a través de RedUNAM en: http://dx.doi.org/10.1021/jf204702fl .
- Vigne, J.D., F. Brioris, A. Zazzo, G. Willcox, T. Cucchi, S. Thébalut, I. Carrére, Y. Franel, R. Touquet, C. Martin, C. Moreau, C. Comby and J. Guilaine. 2012. First wave of cultivators spread to Cyprus at least 10,600 years ago. PNAS. doi: 10.1073/pnas.1201693109 .
- Worthington Biochemical Corporation. disponible a través de internet: http://www.worthington-biochem.com/default.html

Printed by Books on Demand GmbH, Norderstedt / Germany